AutoCAD 2024 中文版
电气设计快速入门实例教程

胡仁喜　康士廷　编著

U0185427

机械工业出版社
CHINA MACHINE PRESS

本书以 AutoCAD 2024 为平台，结合电气设计在各行业中的实际应用，介绍了各种 AutoCAD 电气图的设计和绘制方法，包括电气工程图概述、AutoCAD 2024 入门、二维绘图命令、基本绘图工具、编辑命令、尺寸标注、辅助绘图工具、机械电气设计、电路图设计、控制电气工程图设计、电力电气工程图设计、通信工程图设计和建筑电气工程图设计。

全书讲解翔实，图文并茂，语言简洁，思路清晰，可以作为 AutoCAD 初学者的入门教材，也可作为工程技术人员的参考工具书。

图书在版编目（CIP）数据

AutoCAD 2024 中文版电气设计快速入门实例教程 / 胡仁喜，康士廷编著 . —北京：机械工业出版社，2023.10
ISBN 978-7-111-74370-5

Ⅰ.① A… Ⅱ.①胡… ②康… Ⅲ.①电气设备 – 计算机辅助设计 – AutoCAD 软件 – 教材 Ⅳ.① TM02-39

中国国家版本馆 CIP 数据核字（2023）第 233165 号

机械工业出版社（北京市百万庄大街 22 号 邮政编码 100037）
策划编辑：王 珑 责任编辑：王 珑
责任校对：孙明慧 王 延 责任印制：任维东
北京中兴印刷有限公司印刷
2024 年 1 月第 1 版第 1 次印刷
184mm × 260mm · 19.5 印张 · 494 千字
标准书号：ISBN 978-7-111-74370-5
定价：79.00 元

电话服务 网络服务
客服电话：010-88361066 机 工 官 网：www.cmpbook.com
010-88379833 机 工 官 博：weibo.com/cmp1952
010-68326294 金 书 网：www.golden-book.com
封底无防伪标均为盗版 机工教育服务网：www.cmpedu.com

前言

　　AutoCAD 2024 是 AutoCAD 软件的新版本，它运行速度快，具有许多制图和出图的优点，它提供的平面绘图功能能胜任电气工程图中各种电气系统图、框图、电路图、接线图、电气平面图及机械图、建筑图等的绘制。AutoCAD 2024 还提供了三维造型和图形渲染等功能。

　　AutoCAD 电气设计是计算机辅助设计技术在电气领域中的应用，主要用于绘制和设计电气工程图。电气工程图能够阐述电气工程的构成和功能，描述电气装置的工作原理，提供安装和维护使用的信息，辅助电气工程研究和指导电气工程实践施工等。电气工程图的种类与电气工程的规模有关，较大规模的电气工程通常包含较多种类的电气工程图。

　　本书以 AutoCAD 2024 为平台，结合电气设计在各行业中的实际应用，介绍了各种 Auto-CAD 电气图的设计和绘制方法，包括电气工程图概述、AutoCAD 2024 入门、二维绘图命令、基本绘图工具、编辑命令、尺寸标注、辅助绘图工具、机械电气设计、电路图设计、控制电气工程图设计、电力电气工程图设计、通信工程图设计和建筑电气工程图设计。全书讲解翔实，图文并茂，语言简洁，思路清晰，可以作为 AutoCAD 初学者的入门教材，也可作为工程技术人员的参考工具书。

　　本书配套电子资料包（网盘）中包含了全书所有实例的源文件和操作过程动画演示。为了开阔读者的视野，促进读者的学习和理解，该电子资料包中还附有编者多年积累的 AutoCAD 工程案例学习录音讲解动画教程和相应的实例源文件、凝结编者多年心血的 AutoCAD 使用技巧集锦电子书、各种实用的 AutoCAD 工程设计图库，以及 AutoCAD 官方认证考试大纲和考试真题样卷。读者可以登录百度网盘（地址：https://pan.baidu.com/s/1_XYyud9euoe4glKLnUWU-w，密码：s0fy）进行下载。

　　本书由 Autodesk 中国认证考试中心技术总监胡仁喜博士和石家庄三维书屋文化传播有限公司的康士廷编写，其中胡仁喜编写了第 1 ~ 7 章，康士廷编写了第 8 ~ 13 章。本书的编写和出版得到了很多友人的大力支持，值此图书出版发行之际，向他们表示衷心的感谢！

　　由于编者水平有限，书中不足之处在所难免，欢迎广大读者登录网站 www.sjzswsw.com 或联系 714491436@qq.com 予以指正，编者将不胜感激。也欢迎读者加入三维书屋图书学习交流群（QQ：379090620）进行交流探讨。

编　者

目录

第 **1** 章

电气工程图概述

电气工程图是一种示意性的工程图，它主要用图形符号、线框或者简化外形表示电气设备或系统中各有关组成部分的连接关系。本章将介绍电气工程相关的基础知识，并参照国家标准 GB/T 18135—2008《电气工程 CAD 制图规则》中的有关规定，介绍绘制电气工程图的一般规则。

◉ 电气工程图的分类及特点

◉ 电气工程 CAD 制图规范

1.1 电气工程图的分类及特点

本节将简要介绍电气工程图的一些基础知识，包括电气工程的应用范围、电气工程图的特点和电气工程图的种类等。

1.1.1 电气工程的应用范围

电气工程包含的范围很广，如电力、电子、建筑电气和工业控制电气等工程。不同应用范围的工程图要求大致相同，但也有其特定要求，规模也大小不一。根据应用范围的不同，电气工程大致可分为以下几类。

1. 电力工程

1）发电工程。根据不同电源性质，发电工程主要分为火电、水电和核电三类。发电工程中的电气工程指的是发电厂电气设备的布置、接线、控制及其他附属项目。

2）线路工程。线路工程用于连接发电厂、变电站和各级电力用户，包括内线工程和外线工程。内线工程是指室内动力、照明电气线路及其他线路。外线工程是指室外电源供电线路，包括架空电力线路和电缆电力线路等。

3）变电工程。升压变电站将发电站发出的电能进行升压，以减少远距离输电的电能损失。降压变电站将电网中的高电压降为各级用户能使用的低电压。

2. 电子工程

电子工程主要是应用于计算机、电话、广播、闭路电视和通信等众多领域的弱电信号线路和设备。

3. 建筑电气工程

建筑电气工程主要是应用于工业与民用建筑领域的动力照明、电气设备和防雷接地等工程，包括各种动力设备、照明灯具、电器以及各种电气装置的保护接地、工作接地、防静电接地等。

4. 工业控制电气工程

工业控制电气工程主要是用于机械、车辆及其他控制领域的电气设备工程，包括机床电气、电动机电气、汽车电气和其他控制电气工程。

1.1.2 电气工程图的特点

1）电气工程图的主要表现形式是简图。简图是采用标准的图形符号和带注释的框或者简化外形表示系统或设备中各组成部分之间相互关系的一种图。电气工程图中绝大部分采用简图的形式。

2）电气工程图描述的主要内容是元件和连接线。电气设备主要由电气元件和连接线组成，因此无论电路图、系统图，还是接线图和平面图都是以电气元件和连接线作为描述的主要内容。对电气元件和连接线有多种不同的描述方式，从而构成了电气工程图的多样性。

3）电气工程图的基本要素是图形、文字和项目代号。一个电气系统或装置通常由许多部件和组件构成，这些部件、组件或者功能模块称为项目。项目一般用简单的符号表示，这些符号就是图形符号。通常每个图形符号都有相应的文字符号。在同一个图上，为了区别相同的设备，需要对设备进行编号。设备编号和文字符号一起构成项目代号。

4）电气工程图的两种基本布局方法是功能布局法和位置布局法。功能布局法是指在绘图时，图中各元件的位置只考虑元件之间的功能关系，而不考虑元件实际位置的一种布局方法。电气工程图中的系统图、电路图采用的就是这种方法。

位置布局法是指电气工程图中的元件位置对应于元件的实际位置的一种布局方法。电气工程图中的接线图、设备布置图采用的就是这种方法。

5）电气工程图具有多样性。不同的描述方法，如能量流、逻辑流、信息流、功能流等，形成了不同的电气工程图。系统图、电路图、框图、接线图是描述能量流和信息流的电气工程图，逻辑图是描述逻辑流的电气工程图，功能表图、程序框图是描述功能流的电气工程图。

1.1.3 电气工程图的种类

电气工程图可以根据功能和使用场合分为不同的类别，且各种类别的电气工程图之间存在着某些联系和共同点。不同类别的电气工程图适用于不同的场合，其表达工程含义的侧重点也不尽相同，但即使是在不同专业或在不同场合下，只要是按照同一种用途绘制的电气图，其在表达方式与方法上就必须统一，而且在图的分类与属性上也应该一致。

电气工程图用来阐述电气工程的构成和功能，描述电气装置的工作原理，提供安装和维护使用的信息，辅助电气工程研究和指导电气工程实践施工等。电气工程图的种类与电气工程的规模有关，较大规模的电气工程通常要包含较多种类的电气工程图，以从不同的侧面表达不同侧重点的工程含义。一般来讲，一项电气工程的电气图通常装订成册，包含以下内容。

1. 目录和前言

电气工程图的目录类似于书的目录，方便查阅，由序号、图样名称、编号和张数等构成，便于资料系统化和检索图样。

前言中一般包括设计说明、图例、设备材料明细栏和工程经费概算等。设计说明的主要目的在于阐述电气工程设计的依据、基本指导思想与原则，以及图样中未能清楚表明的工程特点、安装方法、工艺要求、特种设备的安装使用说明、有关的注意事项等。图例就是图形符号，一般在前言中只列出本图样涉及的一些特殊图例，通常图例都有约定俗成的图形格式，可以通过查询国家标准和电气工程手册获得。设备材料明细栏用于列出该电气工程所需的主要电气设备和材料的名称、型号、规格和数量，可供实验准备、经费预算和购置设备材料时参考。工程经费概算用于大致统计出该套电气工程所需的费用，可以作为工程经费预算和决算的重要依据。

2. 电气系统图和框图

系统图是一种简图，由符号或带注释的框绘制而成，用来概略表示系统、分系统、成套装置或设备的基本组成、相互关系及其主要特征，为进一步编制详细的技术文件提供依据，供操作和维修时参考。系统图是绘制较其层次低的其他各种电气图（主要是指电路图）的主要依据。

系统图对布图有很高的要求，强调布局清晰以利于识别过程和信息的流向。基本的流向应该是由左至右或者由上至下，如图1-1所示电动机控制系统图。只有在某些特殊情况下方可例外，如用于表达非电工程中的电气控制系统或者电气控制设备的系统图和框图，可以根据非电过程的流程图绘制，但是图中的控制信号应该与过程的流向相互垂直，以便识别，如图1-2轧钢厂的系统图所示。

图 1-1　电动机控制系统图

图 1-2　轧钢厂的系统图

3. 电路图

电路图是用图形符号绘制并按工作顺序排列，详细表示电路、设备或成套装置的全部基本组成部分的连接关系，侧重表达电气工程的逻辑关系，而不考虑其实际位置的一种简图。电路图的用途很广，可以用于详细地描述电路、设备或成套装置及其组成部分的作用原理，分析和计算电路特性，为测试和寻找故障提供信息，并作为编制接线图的依据。简单的电路图还可以直接用于接线。

电路图的布图应突出表示功能的组合和性能。每个功能级都应以适当的方式加以区分，突出信息流及各级之间的功能关系，其中使用的图形符号必须具有完整形式，元件画法简单而且符合国家规范。电路图应根据使用对象的不同需要，增注各种相应的补充信息，特别是应该尽可能地给出各种维修所需的详细资料，如项目的型号与规格，表明测试点，并给出有关的测试数据（各种检测值）和资料（波形图）等。图1-3所示为车床电气设备电路图。

电源	主电机		冷却泵电机	润滑泵电机	过载保护	零压保护	正转控制	反转控制	润滑控制	变压器	指示灯	照明灯
	正向起动	反向起动										

图1-3　车床电气设备电路图

4. 电气接线图

接线图是用符号表示成套装置、设备或装置的内部、外部各种连接关系的一种简图，便于安装接线及维护。

接线图中的每个端子都必须标注出元件的端子代号，连接导线的两端子必须在工程中统一编号。接线图布图时，应大体按照各个项目的相对位置进行布置，连接线可以用连续线方式画，也可以用断线方式画。不在同一张图中的连接线可采用断线画法，如图1-4所示。

图1-4　不在同一张图中的连接线断线画法

5. 电气平面图

电气平面图主要是表示某一电气工程中电气设备、装置和线路的平面布置。它一般是在建筑平面图的基础上绘制出来的。常见的电气工程平面图有线路平面图、变电所平面图、照明平面图、弱点系统平面图、防雷与接地平面图等。图1-5所示为某车间的电气平面图。

6. 其他电气工程图

在常见的电气工程图中除以上提到的系统图、电路图、接线图和平面图以外，还有以下 4 种：

1）设备布置图。设备布置图主要表示各种电气设备的布置形式、安装方式及相互间的尺寸关系，通常由平面图、立体图、断面图和剖面图等组成。

2）设备元件和材料表。设备元件和材料表是把某一电气工程所需的主要设备、元件、材料和有关的数据列成表格，表示其名称、符号、型号、规格和数量等。

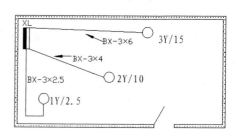

图 1-5　某车间的电气平面图

3）大样图。大样图主要表示电气工程某一部件、构件的结构，用于指导加工与安装。其中一部分大样图有国家标准。

4）产品使用说明书用电气图。电气工程中选用的设备和装置，其生产厂家往往随产品使用说明书附上电气图，这些也是电气工程图的组成部分。

1.2　电气工程 CAD 制图规范

本节扼要介绍国家标准 GB/T 18135—2008《电气工程 CAD 制图规则》中常用的有关规定，同时对其引用标准中的规定加以引用与解释。

1.2.1　图纸格式

1. 幅面

电气工程图纸采用的基本幅面有五种：A0、A1、A2、A3 和 A4。各图幅的相应尺寸见表 1-1。

表 1-1　图幅尺寸　　　　　　　　　　　　（单位：mm）

幅面	A0	A1	A2	A3	A4
长	1189	841	594	420	297
宽	841	594	420	297	210

2. 图框

1）图框尺寸见表 1-2。在电气图中，确定图框线的尺寸有两个依据：一是图纸是否需要装订，二是图纸幅面的大小。需要装订时，装订的一边就要留出装订边。图 1-6、图 1-7 所示分别为不留装订边的图框和留装订边的图框。右下角矩形区域为标题栏位置。

表 1-2　图纸图框尺寸　　　　　　　　　　（单位：mm）

幅面代号	A0	A1	A2	A3	A4
e	20		10		
c	10			5	
a	25				

图 1-6　不留装订边的图框

图 1-7　留装订边图框

2）图框线宽。图框的内框线，根据不同幅面，不同输出设备宜采用不同的线宽，见表 1-3。各种图幅的外框线均为 0.25 的实线。

表 1-3　图幅内框线宽　　　　　　　（单位：mm）

幅面	绘图机类型	
	喷墨绘图机	笔式绘图机
A0，A1	1.0	0.7
A2，A3，A4	0.7	0.5

1.2.2　文字

1. 字体

电气工程图样和简图中的汉字字体应为长仿宋体。在 AutoCAD 环境中，汉字字体可采用 Windows 系统所带的 TrueType "仿宋 _GB2312"。

2. 文本尺寸高度

1）常用的文本尺寸宜在下列尺寸中选择：1.5mm、3.5mm、5mm、7mm、10mm、14mm、20mm。

2）字符的宽高比约为0.7。

3）各行文字间的行距不应小于1.5倍的字高。

4）图样中采用的各种文本尺寸见表1-4。

表 1-4　图样中各种文本尺寸　　　　　　　　　　　　　（单位：mm）

文本类型	中文		字母及数字	
	字高	字宽	字高	字宽
标题栏图名	7~10	1~7	1~7	3.1~5
图形图名	7	5	5	3.5
说明台头	7	5	5	3.5
说明条文	5	3.5	3.5	1.5
图形文字标注	5	3.5	3.5	1.5
图号和日期	5	3.5	3.5	1.5

3. 表格中的文字和数字

1）数字书写：带小数的数值，按小数点对齐；不带小数点的数值，按个位对齐。

2）文本书写：正文按左对齐。

1.2.3　图线

1. 线宽

根据用途，图线宽度宜从下列线宽中选用：0.18mm、0.25mm、0.35mm、0.5mm、0.7mm、1.0mm、1.4mm、1.0mm。

图形对象的线宽尽量不多于两种，每种线宽间的比值应不小于2。

2. 图线间距

平行线（包括画阴影线）之间的最小距离不小于粗线宽度的两倍，建议不小于0.7mm。

3. 图线型式

根据不同的结构含义采用不同的线型，具体要求请参阅表1-5。

表 1-5　图线型式

图线名称	图形型式	图线应用	图线名称	图形型式	图线应用
粗实线	——	电器线路，一次线路	点画线	—·—·—	控制线，信号线，围框线
细实线	——	二次线路，一般线路	点画线，双点画线	—·—·—	原轮廓线
虚　线	- - - - - -	屏蔽线，机械连线	双点画线	—·· —·· —	辅助围框线，36V以下线路

4. 线型比例

线型比例 k 与印制比例宜保持适当关系，当印制比例为 $1:n$ 时，在确定线宽库文件后，线型比例可取 $k \times n$。

1.2.4 比例

推荐采用比例规定见表1-6。

表1-6 比例

类别	推荐比例		
放大比例	50∶1	—	—
	5∶1		
原尺寸	1∶1		
缩小比例	1∶2	1∶5	1∶10
	1∶20	1∶50	1∶100
	1∶200	1∶500	1∶1000
	1∶2000	1∶5000	1∶10000

1.3 思考与练习

1. 电气工程图分为哪几类?

2. 电气工程图具有什么特点?

3. 电气工程图在 AutoCAD 制图中在图纸格式、文字、图线等方面有什么要求?

第 2 章

AutoCAD 2024 入门

本章介绍了 AutoCAD 2024 绘图的有关基本知识，包括如何设置图形的系统参数，以及建立新的图形文件、打开已有文件的方法等。

操作环境设置

文件管理

基本输入操作

2.1 操作环境设置

AutoCAD 2024 为用户提供了交互性良好的 Windows 风格操作界面和方便的系统定制功能，用户可以根据需要和喜好灵活地设置绘图环境。

2.1.1 操作界面

AutoCAD 操作界面是 AutoCAD 显示、编辑图形的区域。一个完整的 AutoCAD 2024 中文版操作界面如图 2-1 所示，包括标题栏、十字光标、快速访问工具栏、绘图区、功能区、坐标系、命令行、状态栏、布局标签和导航栏等。

图 2-1 AutoCAD 2024 中文版的操作界面

 注意

在 AutoCAD 快速访问工具栏处调出菜单栏，如图 2-2 所示，调出后的菜单栏如图 2-3 所示。同其他 Windows 程序一样，AutoCAD 的菜单也是下拉形式的，并在菜单中包含子菜单。

选择菜单栏中的工具→工具栏→AutoCAD，调出所需要的工具栏，如图 2-4 所示。单击某一个未在界面显示的工具栏名，系统自动在界面打开该工具栏。反之，关闭工具栏。

图 2-2　调出菜单栏

图 2-3　菜单栏显示界面

图 2-4　调出工具栏

2.1.2 配置绘图系统

由于每台计算机所使用的显示器、输入设备和输出设备的类型不同，用户喜好的风格及计算机的目录设置也不同，所以每台计算机都是独特的。一般来讲，使用 AutoCAD 2024 的默认配置就可以绘图，但为了使用用户的定点设备或打印机，以及提高绘图的效率，AutoCAD 推荐用户在开始作图前先进行必要的配置。

【执行方式】

命令行：preferences

菜单：工具→选项（其中包括一些最常用的命令，如图 2-5 所示）

【操作格式】

右键菜单：选项（右击，系统打开快捷菜单，其中包括一些最常用的命令，如图 2-6 所示）

【选项说明】

执行上述命令后，系统自动打开"选项"对话框。用户可以在该对话框中选择有关选项对系统进行配置。下面只就其中几个主要的选项卡进行说明，其他配置选项在后面用到时再做具体说明。

图 2-5 "工具"下拉菜单

图 2-6 "选项"右键菜单

（1）系统配置　在"选项"对话框中的第五个选项卡为"系统"，如图 2-7 所示。该选项卡用来设置 AutoCAD 系统的有关特性。其中"常规选项"选项组可用来确定是否选择系统配置的有关基本选项。

图 2-7　"系统"选项卡

（2）显示配置　在"选项"对话框中的第二个选项卡为"显示"，如图 2-8 所示。该选项卡用来控制 AutoCAD 窗口的外观，设定屏幕菜单、屏幕颜色、光标大小、滚动条显示与否、AutoCAD 的版面布局设置、各实体的显示分辨率以及 AutoCAD 运行时的各项性能参数等。其中部分设置如下：

图 2-8　"选项"对话框中的"显示"选项卡

1）修改图形窗口中十字光标的大小。系统预设光标的长度为屏幕大小的 5%，用户可以根据绘图的实际需要更改其大小。改变光标大小的方法为：在绘图窗口中选择工具菜单中的"选项"命令，屏幕上将弹出"选项"对话框，打开"显示"选项卡，如图 2-8 所示，在"十字光标大小"选项组中的文本框中直接输入数值，或者拖动文本框后的滑块，即可对十字光标的大小进行调整。

此外，还可以通过设置系统变量 CURSORSIZE 的值实现对其大小的更改。方法是在命令行输入：

命令：✔
输入 CURSORSIZE 的新值 <5>:

在提示下输入新值即可。默认值为 5%。

2）修改绘图窗口的颜色。在默认情况下，AutoCAD 的绘图窗口是黑色背景、白色线条，这不符合绝大多数用户的习惯，因此修改绘图窗口颜色是大多数用户都需要进行的操作。修改绘图窗口颜色的步骤为：

① 选择"工具"下拉菜单中的"选项"命令，打开"选项"对话框，打开如图 2-8 所示的"显示"选项卡，单击"窗口元素"选项组中的"颜色"按钮，打开如图 2-9 所示的"图形窗口颜色"对话框。

② 单击"图形窗口颜色"对话框中"颜色"的下拉箭头，在打开的下拉列表中选择需要的窗口颜色，然后单击"应用并关闭"按钮，即可改变 AutoCAD 绘图窗口的窗口背景色。通常按视觉习惯选择白色为窗口颜色。

图 2-9 "图形窗口颜色"对话框

⚠ 注意

在设置实体显示分辨率时请注意，显示质量越高，即分辨率越高，计算机计算的时间越长，因此千万不要将其设置得太高。显示质量设定在一个合理的程度上是很重要的。

2.2 文件管理

本节将介绍有关 AutoCAD 2024 文件管理的一些基本操作方法，包括新建文件、打开文件和保存文件等。

2.2.1 新建文件

【执行方式】

命令行：NEW（或 QNEW）

菜单：文件→新建或主菜单→新建

工具栏：标准→新建🗋或快速访问工具栏→新建🗋

【操作格式】

执行上述命令后，系统打开如图 2-10 所示的"选择样板"对话框，可以使用其中的图形样板创建新图形。

图 2-10 "选择样板"对话框

2.2.2 打开文件

【执行方式】

命令行：OPEN

菜单：文件 → 打开或主菜单→打开

工具栏：标准 → 打开 或快速访问工具栏→打开

【操作格式】

执行上述命令后，打开"选择文件"对话框，如图 2-11 所示。在"文件类型"下拉列表中用户可选 .dwg 文件、.dwt 文件、.dxf 文件和 .dws 文件。.dws 文件是包含标准图层、标注样式、线型和文字样式的样板文件。.dxf 文件是用文本形式存储的图形文件，能够被其他程序读取，许多第三方应用软件都支持 .dxf 格式。

图 2-11 "选择文件"对话框

2.2.3 保存文件

【执行方式】

命令行：QSAVE（或 SAVE 或 SAVEAS）
菜单：文件→保存（或另存为）或主菜单→保存
工具栏：标准→保存 或快速访问工具栏→保存

【操作格式】

执行上述命令后，若文件已命名，则 AutoCAD 自动保存；若文件未命名（即为默认名 drawing1.dwg），则系统打开如图 2-12 所示的"图形另存为"对话框，用户可以命名保存。在"保存于"下拉列表中可以指定保存文件的路径，在"文件类型"下拉列表中可以指定保存文件的类型。

图 2-12 "图形另存为"对话框

2.3 基本输入操作

2.3.1 命令输入方式

AutoCAD 交互绘图必须输入必要的指令和参数。AutoCAD 有多种命令输入方式,下面以画直线为例进行讲解。

1)在命令窗口输入命令名。命令字符可不区分大小写。例如,命令:LINE √。执行命令时,在命令行提示中经常会出现命令选项,如输入绘制直线命令"LINE"后,命令行中的提示为:

命令:LINE √
指定第一个点:(在屏幕上指定一点或输入一个点的坐标)
指定下一点或 [放弃 (U)]:

选项中不带括号的提示为默认选项,因此可以直接输入直线段的起点坐标值或在屏幕上指定一点,如果要选择其他选项,则应该首先输入该选项的标识字符,如"放弃"选项的标识字符"U",然后按系统提示输入数据即可。在命令选项的后面有时候还带有尖括号,尖括号内的数值为默认数值。

2)在命令窗口输入命令缩写字,如 L（Line）、C（Circle）、A（Arc）、Z（Zoom）、R（Redraw）、M（More）、CO（Copy）、PL（Pline）、E（Erase）等。

3)选取绘图菜单直接选项。选取该选项后,在状态栏中可以看到对应的命令说明及命令名。

4)选取工具栏中的对应图标。选取该图标后在状态栏中也可以看到对应的命令说明及命令名。

5)在绘图区打开快捷菜单。如果在前面刚使用过要输入的命令,可以在绘图区右击,弹出如图 2-13 所示的快捷菜单,在"最近的输入"子菜单中选择需要的命令。"最近的输入"子菜单中存储了最近使用的命令，如果经常重复使用某个命令，这种方法就比较快捷。

6）在命令行直接按 Enter 键。如果用户要重复使用上次使用的命令，可以直接在命令行按 Enter 键，系统立即重复执行上次使用的命令。这种方法适用于重复执行某个命令。

图 2-13　右键快捷菜单

2.3.2　命令的重复、撤消、重做

1. 命令的重复

在命令窗口中按 Enter 键可重复调用上一个命令，不管上一个命令是完成了还是被取消了。

2. 命令的撤消

在命令执行的任何时刻都可以取消和终止命令的执行。

【执行方式】

命令行：UNDO

菜单：编辑→放弃

工具栏：标准→放弃 ⬅ ▾ 或快速访问工具栏→放弃 ⬅ ▾

快捷键：Esc

3. 命令的重做

已被撤消的命令还可以恢复重做。

【执行方式】

命令行：REDO

菜单：编辑→重做

工具栏：标准→重做 ➡ ▾ 或快速访问工具栏→重做 ➡ ▾

快捷键：CTRL+Y

AutoCAD 2024 可以一次执行多重放弃和重做操作。单击快速访问工具栏中的"放弃"按钮 ⬅ ▾ 或"重做"按钮 ➡ ▾ 后面的小三角形，可以从打开的下拉菜单中选择要放弃或重做的操作，如图 2-14 所示。

图 2-14　多重放弃或重做下拉菜单

2.3.3　命令执行方式

有的命令有两种执行方式，通过对话框或通过命令行输入命令。如果指定使用命令行方式，可以在命令名前加短画来表示，如"-LAYER"表示用命令行方式执行"图层"命令。而如果在命令行输入"LAYER"，系统则会自动打开"图层特性管理器"选项板。

另外，有些命令同时存在命令行、菜单和工具栏三种执行方式，这时如果选择菜单或工具栏方式，命令行会显示该命令，并在前面加一下划线，如通过菜单或工具栏方式执行"直线"命令时，命令行会显示"_line"，命令的执行过程和结果与命令行方式相同。

2.3.4　数据的输入方法

1. 坐标输入方法

在 AutoCAD 2024 中，点的坐标可以用直角坐标、极坐标、球面坐标和柱面坐标表示，每一种坐标又分别具有两种坐标输入方式：绝对坐标和相对坐标。其中直角坐标和极坐标最为常用。

（1）直角坐标法　用点的 X、Y 坐标值表示的坐标。例如，在命令行中输入点的坐标提示下，输入"15，18"，表示输入了一个 X、Y 坐标值分别为 15、18 的点，此为绝对坐标输入方式，表示该点的坐标是相对于当前坐标原点的坐标值，如图 2-15a 所示。如果输入"@10，20"，则为相对坐标输入方式，表示该点的坐标是相对于前一点的坐标值，如图 2-15c 所示。

> **注意**
>
> 分隔数值一定要用西文状态下的逗号，否则系统不会准确读取输入数据。

（2）极坐标法　用长度和角度表示的坐标。只能用来表示二维点的坐标。

在绝对坐标输入方式下，表示为"长度 < 角度"，如"25<50"，其中长度为该点到坐标原点的距离，角度为该点至原点的连线与 X 轴正向的夹角，如图 2-15b 所示。

在相对坐标输入方式下，表示为"@ 长度 < 角度"，如"@25<45"，其中长度为该点到前一点的距离，角度为该点至前一点的连线与 X 轴正向的夹角，如图 2-15d 所示。

a）　　　　　　b）　　　　　　c）　　　　　　d）

图 2-15　坐标输入方法

2. 动态数据输入

单击状态栏上的"动态输入"按钮 ⁺━，系统打开动态输入功能，可以在屏幕上动态地输入某些参数数据。例如，绘制直线时，在光标附近会动态地显示"指定第一个点"以及后面的文本框，当前显示的是光标所在位置的坐标值（见图 2-16），可以在文本框中输入数据，在第一个文本框中输入数据后，再输入逗号会切换到下一个文本框。指定第一点后，系统动态显示直线的角度，同时要求输入线段长度值，如图 2-17 所示，其输入效果与"@ 长度 < 角度"方式相同。

图 2-16　动态显示坐标值　　　　　　　　图 2-17　动态输入长度值

下面分别讲述点与距离值的输入方法。

（1）点的输入　绘图过程中常需要输入点的位置，AutoCAD 提供了如下几种输入点的方式：

1）用键盘直接在命令窗口中输入点的坐标值。直角坐标有两种输入方式：x,y（点的绝对坐标值，如，100,50）和 @ x,y（相对于上一点的相对坐标值，如 @50,-30）。坐标值均相对于当前的用户坐标系。

极坐标的输入方式为：长度＜角度（其中，长度为点到坐标原点的距离，角度为原点至该点连线与 x 轴的正向夹角，如 20 ＜ 45）或 @ 长度＜角度（相对于上一点的相对极坐标，如 @50 ＜ -30）。

2）用鼠标等定标设备移动光标，单击在屏幕上直接取点。

3）用目标捕捉方式捕捉屏幕上已有图形的特殊点（如端点、中点、中心点、插入点、交点、切点和垂足点等）。

4）直接距离输入。先用鼠标拖拽出直线确定方向，然后用键盘输入距离值。这样有利于准确控制对象的长度等参数。如要绘制一条 10mm 长的线段，方法如下：

```
命令：_line
指定第一个点：( 在屏幕上指定一点 )
指定下一点或 [ 放弃 (U)]:
```

这时在屏幕上移动鼠标指明线段的方向，如图 2-18 所示，但不要单击确认，然后在命令行输入 10，这样就在指定方向上准确地绘制了长度为 10mm 的线段。

图 2-18　绘制直线

（2）距离值的输入　在 AutoCAD 命令中，有时需要提供高度、宽度、半径、长度等距离值。AutoCAD 提供了两种输入距离值的方式：一种是用键盘在命令窗口中直接输入数值；另一种是在屏幕上拾取两点，以两点的距离值定出所需数值。

 2.4　上机实验

实验 1　熟悉操作界面

操作界面是用户绘制图形的平台，操作界面的各个部分都有其独特的功能，熟悉操作界面有助于用户方便快速地进行绘图。本实验要求了解操作界面各部分功能，掌握改变绘图窗口颜色和光标大小的方法，能够熟练地打开、移动、关闭功能区。

操作提示

1）启动 AutoCAD 2024，进入绘图界面。

2）调整操作界面大小。

3）设置绘图窗口颜色与光标大小。

4）打开、关闭功能区。

5）尝试分别利用命令行和功能区绘制一条线段。

实验 2　数据输入

AutoCAD 2024 人机交互的最基本内容就是数据输入。本实验要求读者灵活熟练地掌握各种数据输入方法。

操作提示

1）在命令行输入"LINE"命令。

2）输入起点的直角坐标方式下的绝对坐标值。

3）输入下一点的直角坐标方式下的相对坐标值。

4）输入下一点的极坐标方式下的绝对坐标值。

5）输入下一点的极坐标方式下的相对坐标值。

6）用鼠标直接指定下一点的位置。

7）单击状态栏上的"正交模式"按钮，用鼠标拖拽出下一点的方向，在命令行输入一个数值。

8）单击状态栏上的"动态输入"按钮，拖动鼠标，系统会动态显示角度，拖动到指定角度后，在长度文本框输入长度值。

9）按 Enter 键结束绘制线段的操作。

2.5　思考与练习

1. 调用 AutoCAD 命令的方法有：

1）在命令窗口输入命令名。

2）在命令窗口输入命令缩写字。

3）选择下拉菜单中的菜单选项。

4）单击功能区中的对应图标。

2. 请用上题中的 4 种方法调用 AutoCAD 的圆（CIRCLE）命令。

第 **3** 章

二维绘图命令

　　二维图形是指在二维平面空间内绘制的图形。AutoCAD 提供了大量的、可以帮助用户完成二维图形绘制的绘图工具。AutoCAD 还提供了许多的二维绘图命令，利用这些命令可以快速方便地完成某些图形的绘制。本章将介绍点、直线、圆和圆弧、椭圆和椭圆弧、平面图形、图案填充、多段线、样条曲线、多线、表格的绘制与编辑，以及文字输入。

学 习 要 点

◎ 点和直线类命令
◎ 圆类图形命令
◎ 平面图形
◎ 图案填充
◎ 多段线与样条曲线
◎ 多线
◎ 文字输入
◎ 表格

3.1 点和直线类命令

 3.1.1 点

【执行方式】

命令行：POINT（缩写名：PO）
菜单：绘图→点→单点或多点
工具栏：绘图→点 :·:
功能区：单击"默认"选项卡"绘图"面板中的"多点"按钮 :·:

 【操作格式】

命令：POINT ↙
当前点模式：PDMODE=0 PDSIZE=0.0000
指定点：（指定点所在的位置）

 【选项说明】

1）通过菜单方法操作时，"点"子菜单如图3-1所示。其中，"单点"选项表示只能输入一个点，"多点"选项表示可输入多个点。

2）可以单击状态栏中的"对象捕捉"按钮设置点捕捉模式，帮助用户拾取点。

3）点在图形中的表示样式有20种。可通过命令DDPTYPE或选择菜单中的"格式"→"点样式"，在弹出的如图3-2所示的"点样式"对话框中进行设置。

图3-1 "点"子菜单

图3-2 "点样式"对话框

3.1.2　直线

【执行方式】

命令行：LINE（缩写名：L）

菜单：绘图→直线

工具栏：绘图→直线／

功能区：单击"默认"选项卡"绘图"面板中的"直线"按钮／（见图 3-3）

图 3-3　单击"绘图"面板中的"直线"按钮

【操作格式】

命令：LINE／

指定第一个点：（输入直线段的起点，用鼠标指定点或者给定点的坐标）

指定下一点或 [放弃(U)]：（输入直线段的端点。也可以用鼠标指定一定角度后，直接输入直线的长度）

指定下一点或 [放弃(U)]：（输入下一直线段的端点。输入选项"U"则表示放弃前面的输入。右击或按 Enter 键则结束命令）

指定下一点或 [闭合(C)/放弃(U)]：（输入下一直线段的端点，或输入选项"C"使图形闭合，结束命令）

【选项说明】

1）若采用按 Enter 键响应"指定第一点"提示，则系统会把上次绘制线（或弧）的终点作为本次操作的起始点。特别地，若上次操作为绘制圆弧，按 Enter 键响应后会绘出通过圆弧终点与该圆弧相切的直线段，该线段的长度由鼠标在屏幕上指定的一点与切点之间线段的长度确定。

2）在"指定下一点"提示下，用户可以指定多个端点，从而绘出多条直线段。但是每一段直线是一个独立的对象，可以进行单独的编辑操作。

3）绘制两条以上直线段后，若采用输入选项"C"响应"指定下一点"提示，则系统会自动连接起始点和最后一个端点，从而绘出封闭的图形。

4）若采用输入选项"U"响应提示，则擦除最近一次绘制的直线段。

5）若设置正交方式（单击状态栏上的"正交模式"按钮），则只能绘制水平直线或垂直线段。

6）若设置动态数据输入方式（单击状态栏上的"动态输入"按钮），则可以动态输入坐标或长度值。后面章节中所介绍的命令同样可以设置动态数据输入方式，效果与非动态数据输入方式类似。除了特别需要，以后不再强调，本书将只按非动态数据输入方式输入相关数据。

3.1.3　实例——绘制阀符号

本例绘制的阀符号如图 3-4 所示。

01 单击"默认"选项卡"绘图"面板中的"直线"按钮 / ，绘制一条直线。命令行提示与操作如下：

💡 **实讲实训**
　　多媒体演示

多媒体演示参见配套资料中的 \\ 动画演示 \ 第 3 章 \3.1.3 绘制阀符号。

命令：_line
指定第一个点：

02 在屏幕上指定一点（即点 1 的位置）后按 Enter 键，系统继续提示，以相似方法指定阀的各个点。

指定下一点或 [放弃 (U)]：(在竖直向下的适当位置指定点 2)
指定下一点或 [放弃 (U)]：(在屏幕上适当位置指定点 3，使点 3 大约与点 1 等高，如图 3-5 所示)
指定下一点或 [闭合 (C)/ 放弃 (U)]：(在竖直向下的适当位置指定点 4，使点 4 大约与点 2 等高)
指定下一点或 [闭合 (C)/ 放弃 (U)]：C ✓ (系统自动使图形闭合并结束命令)

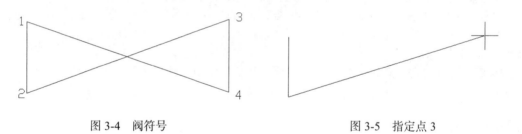

图 3-4　阀符号　　　　　　　　　　　　图 3-5　指定点 3

3.2　圆类图形命令

圆类命令主要包括"圆""圆弧""椭圆""椭圆弧"及"圆环"等命令。这几个命令是 Auto-toCAD 中最简单的曲线命令。

 3.2.1　圆

【执行方式】

命令行：CIRCLE（缩写名：C）
菜单：绘图→圆
工具栏：绘图→圆 ⊘
功能区：单击"默认"选项卡"绘图"面板中"圆"下拉菜单中的按钮

【操作格式】

命令 : CIRCLE
指定圆的圆心或 [三点 (3P)/ 两点 (2P)/ 切点、切点、半径 (T)]: (指定圆心)
指定圆的半径或 [直径 (D)]: D(也可以直接输入半径数值或用鼠标指定半径长度完成圆的绘制)
指定圆的直径 < 默认值 >: (输入直径数值或用鼠标指定直径长度)

【选项说明】

（1）三点（3P） 用指定圆周上三点的方法画圆。

（2）两点（2P） 指定直径的两端点画圆。

（3）切点、切点、半径（T） 按先指定两个相切对象，后给出半径的方法画圆。图 3-6 所示为以"切点、切点、半径"方式绘制圆的各种情形（其中加黑的圆为最后绘制的圆）。

a）   b）   c）   d）

图 3-6 以"切点、切点、半径"方式绘制图

（4）选择菜单栏中的"绘图"→"圆"→"相切、相切、相切"命令 当选择此方式时（见图 3-7），系统提示如下：

图 3-7 选择"相切、相切、相切"命令

指定圆上的第一个点：_tan 到：(指定相切的第一个圆弧)

指定圆上的第二个点：_tan 到：(指定相切的第二个圆弧)

指定圆上的第三个点：_tan 到：(指定相切的第三个圆弧)

 3.2.2　实例——绘制传声器符号

实讲实训
多媒体演示

多媒体演示参见配套资料中的 \\ 参考视频 \ 第 3 章 \3.2.2 绘制传声器符号 .avi。

本例绘制的传声器符号如图 3-8 所示。

01 单击"默认"选项卡"绘图"面板中的"直线"按钮 ╱，竖直向下绘制一条直线，并设置线宽为 0.3。命令行提示与操作如下：

命令：_line

指定第一个点：(在屏幕上适当位置指定一点)

指定下一点或 [放弃 (U)]:(在竖直向下的适当位置指定一点)

指定下一点或 [放弃 (U)]: ✓ (按 Enter 键，完成直线绘制)

结果如图 3-9 所示。

图 3-8　传声器符号　　　　　　　　　　　　　图 3-9　绘制直线

02 单击"默认"选项卡"绘图"面板中的"圆"按钮 ⊙，绘制圆。命令行提示与操作如下：

命令：_circle

指定圆的圆心或 [三点 (3P)/ 两点 (2P)/ 切点、切点、半径 (T)]:(在直线中间左边的适当位置指定一点，作为圆心)

指定圆的半径或 [直径 (D)]:(在直线上大约与圆心等高的位置指定一点)

　注意

对于圆心的选择，除了直接输入圆心坐标（150，200）之外，还可以利用圆心与中心线的对应关系，采用对象捕捉的方法。单击状态栏中的"对象捕捉"按钮。命令行中会提示"命令：＜对象捕捉 开＞"。

3.2.3 圆弧

【执行方式】

命令行：ARC（缩写名：A）

菜单：绘图→圆弧

工具栏：绘图→圆弧

功能区：单击"默认"选项卡"绘图"面板中"圆弧"下拉菜单中的按钮（见图 3-10）

图 3-10　"圆弧"下拉菜单

【操作格式】

命令：ARC ✓
指定圆弧的起点或 [圆心 (C)]:(指定起点)
指定圆弧的第二个点或 [圆心 (C)/ 端点 (E)]:(指定第二点)
指定圆弧的端点 :(指定端点)

【选项说明】

1）用命令行方式画圆弧时，可以根据系统提示选择不同的选项（和用"绘图"菜单中的"圆弧"子菜单提供的 11 种方式相似）。11 种绘制圆弧的方法如图 3-11 所示。

a）三点　　　b）起点，圆心，端点　　c）起点，圆心，角度　　d）起点，圆心，长度

e）起点，端点，角度　　f）起点，端点，方向　　g）起点，端点，半径　　h）圆心，起点，端点

i）圆心，起点，角度　　j）圆心，起点，长度　　　k）连续

图 3-11　11 种绘制圆弧的方法

2）需要强调的是"连续"方式，其绘制的圆弧与上一线段或圆弧相切，继续画圆弧段时提供端点即可。

3.2.4　实例——绘制自耦变压器符号

本例绘制的自耦变压器符号如图 3-12 所示。

01 单击"默认"选项卡"绘图"面板中的"直线"按钮 ，绘制一条竖直直线。命令行提示与操作如下：

> **实讲实训**
> **多媒体演示**
>
> 多媒体演示参见配套资料中的 \\ 参考视频 \ 第 3 章 \3.2.4 绘制自耦变压器符号 .avi。

> 命令：_line
> 指定第一个点：(在屏幕上适当位置指定一点)
> 指定下一点或 [放弃 (U)]：(在竖直向下的适当位置指定一点)
> 指定下一点或 [放弃 (U)]：✓（按 Enter 键完成直线绘制)

结果如图 3-13 所示。

02 单击"默认"选项卡"绘图"面板中的"圆"按钮 ，在竖直直线上端点处绘制一个圆。命令行提示与操作如下：

> 命令：_circle
> 指定圆的圆心或 [三点 (3P)/ 两点 (2P)/ 切点、切点、半径 (T)]：(在直线正上方的适当位置指定一点，作为圆心)
> 指定圆的半径或 [直径 (D)]：(指定直线上端点位置)

结果如图 3-14 所示。

图 3-12 自耦变压器符号　　　图 3-13 绘制竖直直线　　　图 3-14 绘制圆

03 单击"默认"选项卡"绘图"面板中的"圆弧"按钮和"直线"按钮，在圆右侧选取一点绘制一段圆弧和一条直线，完成自耦变压器符号的绘制。命令行提示与操作如下：

命令：ARC ↙
指定圆弧的起点或 [圆心 (C)]:(在圆右侧边上选取一点)
指定圆弧的第二个点或 [圆心 (C)/ 端点 (E)]:(在圆上方选取一点)
指定圆弧的端点:(向右拖动)
命令：_line
指定第一个点:(选取圆弧上端点)
指定下一点或 [放弃 (U)]:(在圆弧上方选取一点)
指定下一点或 [放弃 (U)]: ↙(按 Enter 键完成直线绘制)

结果如图 3-12 所示。

注意

　　绘制圆弧时，注意圆弧的曲率是遵循逆时针方向的，所以在采用指定圆弧两个端点和半径模式时，需要注意端点的指定顺序，否则有可能导致圆弧的凹凸形状与预期的相反。

 3.2.5 圆环

【执行方式】

命令行：DONUT（缩写名：DO）
菜单：绘图→圆环
功能区：单击"默认"选项卡"绘图"面板中的"圆环"按钮 ◎

【操作格式】

命令：DONUT ↙
指定圆环的内径 < 默认值 >:(指定圆环内径)
指定圆环的外径 < 默认值 >:(指定圆环外径)
指定圆环的中心点或 < 退出 >:(指定圆环的中心点)

指定圆环的中心点或 < 退出 >: (继续指定圆环的中心点,则继续绘制相同内外径的圆环,如图 3-15a 所示。按 Enter 键、空格键或右击结束命令)

【选项说明】

1）若指定内径为零,则画出实心填充圆,如图 3-15b 所示。

2）用命令 FILL 可以控制圆环是否填充。具体方法是:

命令:FILL ✓

输入模式 [开 (ON)/ 关 (OFF)] < 开 >: (选择 "ON" 表示填充,选择 "OFF" 表示不填充,如图 3-15c 所示)

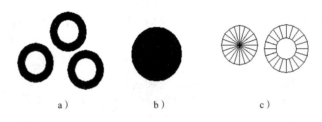

a） b） c）

图 3-15 绘制圆环

3.2.6 椭圆与椭圆弧

【执行方式】

命令行:ELLIPSE（缩写名:EL ）

菜单:绘图→椭圆→圆弧

工具栏:绘图→椭圆 或绘图→椭圆弧

功能区:单击 "默认" 选项卡 "绘图" 面板中 "椭圆" 下拉菜单中的按钮（见图 3-16）

图 3-16 "椭圆" 下拉菜单

【操作格式】

命令:ELLIPSE ✓

指定椭圆的轴端点或 [圆弧 (A)/ 中心点 (C)]: (指定轴端点 1,如图 3-17a 所示)

指定轴的另一个端点: (指定轴端点 2,如图 3-17a 所示)

指定另一条半轴长度或 [旋转 (R)]:

【选项说明】

（1）指定椭圆的轴端点 根据两个端点定义椭圆的第一条轴。第一条轴的角度确定了整个椭圆的角度。第一条轴既可定义椭圆的长轴也可定义短轴。

（2）旋转（R） 通过绕第一条轴旋转圆来创建椭圆,相当于将一个圆绕椭圆轴翻转一个角度后的投影视图。

（3）中心点（C） 通过指定的中心点创建椭圆。

（4）圆弧（A） 用于创建一段椭圆弧。与"工具栏→绘图 → 椭圆弧"功能相同。其中第一条轴的角度确定了椭圆弧的角度。第一条轴既可定义椭圆弧长轴也可定义椭圆弧短轴。选择该项，系统继续提示：

指定椭圆弧的轴端点或 [中心点 (C)]：(指定端点或输入"C")
指定轴的另一个端点：(指定另一端点)
指定另一条半轴长度或 [旋转 (R)]：(指定另一条半轴长度或输入"R")
指定起点角度或 [参数 (P)]：(指定起始角度或输入"P")
指定端点角度或 [参数 (P)/ 夹角 (I)]：

其中各选项含义如下：

1）角度：指定椭圆弧端点的两种方式之一，光标与椭圆中心点连线与 x 轴之间的夹角为椭圆弧端点位置的角度，如图 3-17b 所示。

2）参数（P）：指定椭圆弧端点的另一种方式。该方式同样是指定椭圆弧端点的角度，但通过以下矢量参数方程式创建椭圆弧：

$$p（u）= c + a\cos（u）+ b\sin（u）$$

式中，c 是椭圆的中心点相对于坐标原点的矢量；a 和 b 分别是椭圆的长轴端点和短轴相对于中心点的矢量；u 为光标与椭圆中心点连线与 x 轴之间的夹角。

3）夹角（I）：定义从起始角度开始的包含角度。

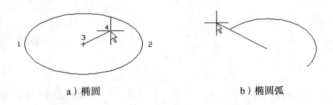

a）椭圆　　　　　　　　　　b）椭圆弧

图 3-17　椭圆和椭圆弧

3.2.7　实例——绘制感应式仪表符号

本例绘制的感应式仪表符号如图 3-18 所示。

实讲实训
多媒体演示

多媒体演示参见配套资料中的 \\ 参考视频 \ 第 3 章 \3.2.7 绘制感应式仪表符号 .avi。

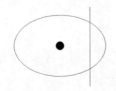

图 3-18　感应式仪表符号

01 单击"默认"选项卡"绘图"面板中的"椭圆"按钮 ⬭，绘制椭圆。命令行提示与操作如下：

命令：_ellipse
指定椭圆的轴端点或 [圆弧 (A)/ 中心点 (C)]:(在适当位置指定一点为椭圆的轴端点)
指定轴的另一个端点：(在水平方向指定椭圆轴的另一个端点)
指定另一条半轴长度或 [旋转 (R)]:(在适当位置指定一点，以确定椭圆另一条半轴的长度)

结果如图 3-19 所示。

02 单击"默认"选项卡"绘图"面板中的"圆环"按钮 ◉，绘制实心圆环。命令行提示与操作如下：

命令：_donut
指定圆环的内径 <0.5000>: 0 ↙
指定圆环的外径 <1.0000>: 150 ↙
指定圆环的中心点或 < 退出 >:(大约指定椭圆的中心点)
指定圆环的中心点或 < 退出 >: ↙

结果如图 3-20 所示。

03 单击"默认"选项卡"绘图"面板中的"直线"按钮 ／，在椭圆偏右位置绘制一条竖直直线，结果如图 3-18 所示。

图 3-19　绘制椭圆

图 3-20　绘制圆环

 注意

在绘制圆环时，可能一次无法准确确定圆环外径大小，需要通过多次绘制找到一个相对合适的圆环外径值，以确定圆环与椭圆的相对大小。

3.3　平面图形

📖 3.3.1　矩形

【执行方式】

命令行：RECTANG（缩写名：REC）
菜单：绘图→矩形

工具栏：绘图→矩形▭

功能区：单击"默认"选项卡"绘图"面板中的"矩形"按钮▭。

【操作格式】

命令：RECTANG ✓

指定第一个角点或 [倒角 (C)/ 标高 (E)/ 圆角 (F)/ 厚度 (T)/ 宽度 (W)]:

指定另一个角点或 [面积 (A)/ 尺寸 (D)/ 旋转 (R)]:

【选项说明】

（1）第一个角点　通过指定两个角点确定矩形，绘制的矩形如图 3-21a 所示。

（2）倒角（C）　指定倒角距离，绘制带倒角的矩形，如图 3-21b 所示。每一个角点的逆时针和顺时针方向的倒角可以相同也可以不同，其中第一个倒角距离是指角点逆时针方向倒角距离，第二个倒角距离是指角点顺时针方向倒角距离。

（3）标高（E）　指定矩形标高（Z 坐标），即把矩形画在标高为 Z，和 XOY 坐标面平行的平面上，并作为后续矩形的标高值。

（4）圆角（F）　指定圆角半径，绘制带圆角的矩形，如图 3-21c 所示。

（5）厚度（T）　指定矩形的厚度，绘制有一定厚度的矩形，如图 3-21d 所示。

（6）宽度（W）　指定线宽，绘制有一定线宽的矩形，如图 3-21e 所示。

（7）尺寸（D）　使用长和宽创建矩形。第二个指定点将矩形定位在与第一角点相关的 4 个位置之一内。

（8）面积（A）　指定面积和长或宽创建矩形。选择该项，系统提示如下：

输入以当前单位计算的矩形面积 <20.0000>: (输入面积值)

计算矩形标注时依据 [长度 (L)/ 宽度 (W)] < 长度 >: (按 Enter 键或输入 "W")

输入矩形长度 <4.0000>: (指定长度或宽度)

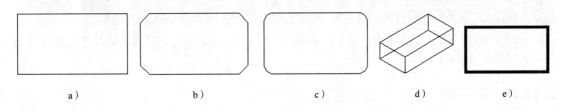

图 3-21　绘制矩形

指定长度或宽度后，系统自动计算另一个维度后绘制出矩形。如果矩形被倒角或倒圆，则长度或宽度计算中会考虑此设置，如图 3-22 所示。

（9）旋转（R）　旋转所绘制的矩形的角度。选择该项，系统提示如下：

指定旋转角度或 [拾取点 (P)] <135>: (指定角度)

指定另一个角点或 [面积 (A)/ 尺寸 (D)/ 旋转 (R)]: (指定另一个角点或选择其他选项)

指定旋转角度后，系统按指定角度创建矩形，如图 3-23 所示。

倒角距离: 1×1
面积: 20 长度: 6

圆角半径: 1.0
面积: 20 宽度: 6

图 3-22 按面积绘制矩形   图 3-23 按指定旋转角度创建矩形

 3.3.2 实例——绘制缓慢吸合继电器线圈

本例绘制的缓慢吸合继电器线圈如图 3-24 所示。

图 3-24 缓慢吸合继电器线圈

实讲实训
多媒体演示

多媒体演示参见配套资料中的 \\ 动画演示 \ 第 3 章 \3.3.2 绘制缓慢吸合继电器线圈 .avi。

01 单击"默认"选项卡"绘图"面板中的"矩形"按钮 □，绘制外框。命令行提示与操作如下：

命令：RETANG ✓
指定第一个角点或 [倒角 (C)/ 标高 (E)/ 圆角 (F)/ 厚度 (T)/ 宽度 (W)]: (在屏幕上适当位置指定一点)
指定另一个角点或 [面积 (A)/ 尺寸 (D)/ 旋转 (R)]: (在屏幕上适当位置指定另一点)

02 单击"默认"选项卡"绘图"面板中的"直线"按钮 ／，以适当的尺寸绘制另外的图线，结果如图 3-24 所示。

 3.3.3 正多边形

【执行方式】

命令行：POLYGON（缩写名：POL）
菜单：绘图→多边形
工具栏：绘图→多边形 ⬠
功能区：单击"默认"选项卡"绘图"面板中的"多边形"按钮 ⬠

【操作格式】

命令：POLYGON ↙
输入侧面数 <4>: (指定多边形的侧面数，默认值为 4)
指定正多边形的中心点或 [边 (E)]: (指定中心点)
输入选项 [内接于圆 (I)/ 外切于圆 (C)] <I>: (指定是内接于圆或外切于圆。输入 "I" 表示内接于圆，
如图 3-25a 所示；输入 "C" 表示外切于圆，如图 3-25b 所示)
指定圆的半径: (指定外接圆或内切圆的半径)

【选项说明】

如果选择 "边" 选项，则只要指定多边形的一条边，系统就会按逆时针方向创建该正多边
形，如图 3-25c 所示。

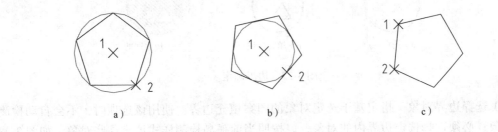

a)　　　　　　　　　　　　　b)　　　　　　　　　　　　c)

图 3-25　画正多边形

3.4　图案填充

当用户需要用一个重复的图案（pattern）填充一个区域时，可以使用 BHATCH 命令建立一
个相关联的填充阴影对象，即所谓的图案填充。

3.4.1　图案填充的操作

【执行方式】

命令行：BHATCH（缩写名：H）
菜单：绘图→图案填充
工具栏：绘图→图案填充▨ 或绘图→渐变色▨
功能区：单击 "默认" 选项卡 "绘图" 面板中的 "图案填充" 按钮▨

【操作步骤】

执行上述命令后，系统弹出如图 3-26 所示的 "图案填充创建" 选项卡。

图 3-26 "图案填充创建"选项卡

【选项说明】

1. "边界"面板

（1）拾取点　通过选择由一个或多个对象形成的封闭区域内的点，确定图案填充边界，如图 3-27 所示。指定内部点时，可以随时在绘图区域中单击以显示包含多个选项的快捷菜单。

a）选择一点　　　　b）填充区域　　　　c）填充结果

图 3-27 边界确定

（2）选择边界对象　指定基于选定对象的图案填充边界。使用该选项时，不会自动检测内部对象，必须选择选定边界内的对象，以按照当前孤岛检测样式填充这些对象，如图 3-28 所示。

a）原始图形　　　　b）选取边界对象　　　　c）填充结果

图 3-28 选取边界对象

（3）删除边界对象　从边界定义中删除之前添加的任何对象，如图 3-29 所示。

a）选取边界对象　　　　b）删除边界　　　　c）填充结果

图 3-29 删除"岛"后的边界

（4）重新创建边界　围绕选定的图案填充或填充对象创建多段线或面域，并使其与图案填充对象相关联（可选）。

（5）显示边界对象　选择构成选定关联图案填充对象的边界的对象，使用显示的夹点可修改图案填充边界。

（6）保留边界对象　指定如何处理图案填充边界对象，选项包括：

1）不保留边界（仅在图案填充创建期间可用）：不创建独立的图案填充边界对象。

2）保留边界 - 多段线（仅在图案填充创建期间可用）：创建封闭图案填充对象的多段线。

3）保留边界 - 面域（仅在图案填充创建期间可用）：创建封闭图案填充对象的面域对象。

4）选择新边界集：指定对象的有限集（称为边界集），以便通过创建图案填充时的拾取点进行计算。

2. "图案"面板

显示所有预定义和自定义图案的预览图像。

3. "特性"面板

（1）图案填充类型　指定是使用纯色、渐变色、图案还是用户定义的图案填充。

（2）图案填充颜色　替代实体填充和填充图案的当前颜色。

（3）背景色　指定填充图案背景的颜色。

（4）图案填充透明度　设定新图案填充或填充的透明度，替代当前对象的透明度。

（5）图案填充角度　指定图案填充或填充的角度。

（6）填充图案比例　放大或缩小预定义或自定义填充图案。

（7）相对于图纸空间（仅在布局中可用）　相对于图纸空间单位缩放填充图案。使用此选项，可很容易地做到以适合布局的比例显示填充图案。

（8）双向（仅当"图案填充类型"设定为"用户定义"时可用）　将绘制第二组直线，与原始直线成 90°，从而构成交叉线。

（9）ISO 笔宽（仅对预定义的 ISO 图案可用）　基于选定的笔宽缩放 ISO 图案。

4. "原点"面板

（1）设定原点　指定新的图案填充原点。

（2）左下　将图案填充原点设定在图案填充边界矩形范围的左下角。

（3）右下　将图案填充原点设定在图案填充边界矩形范围的右下角。

（4）左上　将图案填充原点设定在图案填充边界矩形范围的左上角。

（5）右上　将图案填充原点设定在图案填充边界矩形范围的右上角。

（6）中心　将图案填充原点设定在图案填充边界矩形范围的中心。

（7）使用当前原点　将图案填充原点设定在 HPORIGIN 系统变量中存储的默认位置。

（8）存储为默认原点　将新图案填充原点的值存储在 HPORIGIN 系统变量中。

5. "选项"面板

（1）关联　指定图案填充或填充为关联图案填充。关联的图案填充或填充在用户修改其边界对象 时将会更新。

（2）注释性　指定图案填充为注释性。此特性会自动完成缩放注释过程，从而使注释能够以正确的大小在图纸上打印或显示。

（3）特性匹配

1）使用当前原点：使用选定图案填充对象（除图案填充原点外）设定图案填充的特性。

2）使用源图案填充的原点：使用选定图案填充对象（包括图案填充原点）设定图案填充的特性。

（4）允许的间隙　设定将对象用作图案填充边界时可以忽略的最大间隙。默认值为 0，此值指定对象必须封闭区域而没有间隙。

（5）创建独立的图案填充　控制当指定了几个单独的闭合边界时，是创建单个图案填充对象，还是创建多个图案填充对象。

（6）孤岛检测

1）普通孤岛检测：从外部边界向内填充。如果遇到内部孤岛，填充将关闭，直到遇到孤岛中的另一个孤岛。

2）外部孤岛检测：从外部边界向内填充。此选项仅填充指定的区域，不会影响内部孤岛。

3）忽略孤岛检测：忽略所有内部的对象，填充图案时将通过这些对象。

（7）绘图次序　为图案填充或填充指定绘图次序。选项包括不指定、后置、前置、置于边界之后和置于边界之前。

6. "关闭"面板

关闭"图案填充创建"：退出 BHATCH 并关闭"图案填充创建"选项卡。也可以按 Enter 键或 Esc 键退出 BHATCH。

3.4.2　渐变色的操作

【执行方式】

命令行：GRADIENT

菜单：选择菜单栏中的"绘图"→"渐变色"

工具栏：单击"绘图"工具栏中的"图案填充"按钮▤

功能区：单击"默认"选项卡"绘图"面板中的"渐变色"按钮▤

【操作格式】

执行上述命令后，系统打开如图 3-30 所示的"图案填充创建"选项卡。各面板中的按钮含义与图案填充的类似，这里不再赘述。

图 3-30　"图案填充创建"选项卡

3.4.3　边界的操作

【执行方式】

命令行：BOUNDARY

功能区：单击"默认"选项卡"绘图"面板中的"边界"按钮口

【操作格式】

执行上述命令后，系统打开如图 3-31 所示的"边界创建"对话框。

【选项说明】

（1）拾取点 根据围绕指定点构成封闭区域的现有对象来确定边界。

（2）孤岛检测 控制 BOUNDARY 命令是否检测内部闭合边界。该边界称为孤岛。

图 3-31 "边界创建"对话框

（3）对象类型 控制新边界对象的类型。BOUNDARY 将边界作为面域或多段线对象创建。

（4）边界集 定义通过指定点定义边界时，BOUNDARY 要分析的对象集。

3.4.4 编辑填充的图案

利用 HATCHEDIT 命令，可编辑已经填充的图案。

【执行方式】

命令行：HATCHEDIT

菜单栏：选择菜单栏中的"修改"→"对象"→"图案填充"命令

工具栏：单击"修改 II"工具栏中的"编辑图案填充"按钮

功能区：单击"默认"选项卡"修改"面板中的"编辑图案填充"按钮

快捷菜单：选中填充的图案右击，在打开的快捷菜单中选择"图案填充编辑"命令（见图 3-32）

快捷方法：直接选择填充的图案，打开"图案填充编辑器"选项卡（见图 3-33）

图 3-32 快捷菜单

图 3-33 "图案填充编辑器"选项卡

3.4.5 实例——绘制暗装插座符号

本例绘制的暗装插座符号如图 3-34 所示。

01 单击"默认"选项卡"绘图"面板中的"圆弧"按钮，绘制一段圆弧。命令行提示与操作如下：

实讲实训
多媒体演示

多媒体演示参见配套资料中的 \\ 动画演示 \ 第 3 章 \3.4.5 绘制暗装插座符号 .avi。

命令：ARC ✓
指定圆弧的起点或 [圆心 (C)]: (指定起点)
指定圆弧的第二个点或 [圆心 (C)/ 端点 (E)]: (指定第二点)
指定圆弧的端点：(指定端点)

结果如图 3-35 所示。

图 3-34   暗装插座符号

图 3-35   绘制圆弧

02 单击"默认"选项卡"绘图"面板中的"直线"按钮 ∕，在圆弧内绘制一条直线，作为填充区域。命令行提示与操作如下：

命令：_line
指定第一个点：(圆弧左侧)
指定下一点或 [放弃 (U)]: (圆弧右侧)

03 单击"默认"选项卡"绘图"面板中的"图案填充"按钮 ▨，系统打开"图案填充创建"选项卡，如图 3-36 所示。设置"图案填充图案"为"SOLID"图案，拾取填充区域内一点，按 Enter 键，完成对图案的填充，结果如图 3-37 所示。

图 3-36   "图案填充创建"选项卡

图 3-37   填充图形

04 单击"默认"选项卡"绘图"面板中的"直线"按钮 ∕，在圆弧上端点绘制相互垂直的两条线段。命令行提示与操作如下：

命令：_line
指定第一个点：< 正交 开 >(指定圆弧左侧一点)
指定下一点或 [放弃 (U)]：(指定圆弧右侧一点)
指定下一点或 [放弃 (U)]：
命令：_line
指定第一个点：(指定圆弧中点)
指定下一点或 [放弃 (U)]：(指定圆弧上一点)
指定下一点或 [放弃 (U)]：

结果如图 3-34 所示。

3.5 多段线与样条曲线

多段线是一种由线段和圆弧组合而成的不同线宽的多线。这种线由于其组合形式和线宽变化多样，弥补了直线和圆弧的不足，适合绘制各种复杂的图形轮廓，因而得到广泛的应用。

3.5.1 多段线

 【执行方式】

命令行：PLINE（缩写名：PL）
菜单：绘图→多段线
工具栏：绘图→多段线
功能区：单击"默认"选项卡"绘图"面板中的"多段线"按钮

 【操作格式】

命令：PLINE ✓
指定起点：(指定多段线的起点)
当前线宽为 0.0000
指定下一个点或 [圆弧 (A)/ 半宽 (H)/ 长度 (L)/ 放弃 (U)/ 宽度 (W)]：(指定多段线的下一点)
指定下一点或 [圆弧 (A)/ 闭合 (C)/ 半宽 (H)/ 长度 (L)/ 放弃 (U)/ 宽度 (W)]：(指定下一点或进行其他设置)

 【选项说明】

多段线主要由连续的不同宽度的线段或圆弧组成，如果在上述提示中选"圆弧"，则命令行提示：

指定圆弧的端点 (按住 Ctrl 键以切换方向) 或 [角度 (A)/ 圆心 (CE)/ 方向 (D)/ 半宽 (H)/ 直线 (L)/ 半径 (R)/ 第二个点 (S)/ 放弃 (U)/ 宽度 (W)]：

绘制圆弧的方法与使用"圆弧"命令相似。

3.5.2　实例——绘制水下线路符号

本例绘制的水下线路符号如图 3-38 所示。

实讲实训
多媒体演示

多媒体演示参见配套资料中的 \\ 动画演示 \ 第 3 章 \3.5.2 绘制水下线路符号 .avi。

01 单击"默认"选项卡"绘图"面板中的"多段线"按钮 ，绘制两段连续的圆弧。命令行提示与操作如下：

命令：PLINE ✓
指定起点：(指定多段线的起点)
当前线宽为 0.0000
指定下一个点或 [圆弧 (A)/ 半宽 (H)/ 长度 (L)/ 放弃 (U)/ 宽度 (W)]:A ✓
指定圆弧的端点 (按住 Ctrl 键以切换方向) 或 [角度 (A)/ 圆心 (CE)/ 方向 (D)/ 半宽 (H)/ 直线 (L)/ 半径 (R)/ 第二个点 (S)/ 放弃 (U)/ 宽度 (W)]: A ✓
指定夹角：−180 ✓
指定圆弧的端点 (按住 Ctrl 键以切换方向) 或 [圆心 (CE)/ 半径 (R)]: R ✓
指定圆弧的半径：100 ✓
指定圆弧的弦方向 (按住 Ctrl 键以切换方向)<0>: 180 ✓
指定圆弧的端点 (按住 Ctrl 键以切换方向) 或 [角度 (A)/ 圆心 (CE)/ 闭合 (CL)/ 方向 (D)/ 半宽 (H)/ 直线 (L)/ 半径 (R)/ 第二个点 (S)/ 放弃 (U)/ 宽度 (W)]: A
指定夹角：−180
指定圆弧的端点 (按住 Ctrl 键以切换方向) 或 [圆心 (CE)/ 半径 (R)]: R
指定圆弧的半径：100
指定圆弧的弦方向 (按住 Ctrl 键以切换方向) <90>: −180
指定圆弧的端点 (按住 Ctrl 键以切换方向) 或 [角度 (A)/ 圆心 (CE)/ 闭合 (CL)/ 方向 (D)/ 半宽 (H)/ 直线 (L)/ 半径 (R)/ 第二个点 (S)/ 放弃 (U)/ 宽度 (W)]: * 取消 *

结果如图 3-39 所示。

02 单击"默认"选项卡"绘图"面板中的"直线"按钮 ，在圆弧下方绘制一条水平直线，结果如图 3-38 所示。

图 3-38　水下线路符号

图 3-39　绘制两段圆弧

 3.5.3　样条曲线

AutoCAD 使用一种称为非一致有理 B 样条（NURBS）曲线的特殊样条曲线类型。NURBS 曲线在控制点之间产生一条光滑的曲线，如图 3-40 所示。样条曲线可用于创建形状不规则的曲线，如为地理信息系统（GIS）应用或汽车设计绘制轮廓线。

图 3-40　样条曲线

【执行方式】

命令行：SPLINE（缩写名：SPL）

菜单：绘图→样条曲线

工具栏：绘图→样条曲线 ∿

功能区：单击"默认"选项卡"绘图"面板中的"样条曲线拟合"

按钮 ∿ 或"样条曲线控制点"按钮 ∿（见图 3-41）

图 3-41　"绘图"面板

【操作格式】

命令：SPLINE
当前设置：方式 = 拟合　节点 = 弦
指定第一个点或 [方式 (M)/ 节点 (K)/ 对象 (O)]:（指定一点）
输入下一个点或 [起点切向 (T)/ 公差 (L)]:（指定下一点）
输入下一个点或 [端点相切 (T)/ 公差 (L)/ 放弃 (U)]:（指定下一点）
输入下一个点或 [端点相切 (T)/ 公差 (L)/ 放弃 (U)/ 闭合 (C)]:

【选项说明】

（1）方式（M）　控制是使用拟合点还是使用控制点来创建样条曲线。选项会因选择的是使用拟合点创建样条曲线的选项还是使用控制点创建样条曲线的选项而异。

（2）节点（K）　指定节点参数化。它会影响曲线在通过拟合点时的形状。

（3）对象（O）　将二维或三维的二次或三次样条曲线拟合多段线转换为等价的样条曲线，然后（根据 DELOBJ 系统变量的设置）删除该多段线。

（4）起点切向（T）　定义样条曲线的第一点和最后一点的切向。如果在样条曲线的两端都指定切向，可以输入一个点或使用"切点"和"垂足"对象捕捉模式使样条曲线与已有的对象相切或垂直。如果按 Enter 键，系统将计算默认切向。

（5）端点相切（T）　停止基于切向创建曲线。可通过指定拟合点继续创建样条曲线。

（6）公差（L）　指定距样条曲线必须经过的指定拟合点的距离。公差应用于除起点和端点外的所有拟合点。

（7）闭合（C）　将最后一点定义与第一点一致，并使其在连接处相切以闭合样条曲线。

如果在样条曲线的两端都指定切向，可以通过输入一个点或者使用"切点"和"垂足"对象捕捉模式来使样条曲线与已有的对象相切或垂直。如果按 Enter 键，AutoCAD 将计算默认切向。

3.5.4 实例——绘制整流器框形符号

本例绘制的整流器框形符号如图 3-42 所示。

图 3-42 整流器框形符号

实讲实训
多媒体演示

多媒体演示参见配套光盘中的 \\ 动画演示 \ 第 3 章 \3.5.4 绘制整流器框形符号 .avi。

01 单击"默认"选项卡"绘图"面板中的"多边形"按钮，绘制正方形。命令行提示与操作如下：

命令：_polygon
输入侧面数 <4>: ↙
指定正多边形的中心点或 [边 (E)]:(在绘图屏幕上适当位置指定一点)
输入选项 [内接于圆 (I)/ 外切于圆 (C)] <I>: C ↙
指定圆的半径:(在适当位置指定一点确定外切圆半径,使正四边形边大约处于垂直正交位置,如
图 3-43 所示)

02 单击"默认"选项卡"绘图"面板中的"直线"按钮，绘制 3 条直线，并将其中一条直线设置为虚线，如图 3-44 所示。

03 单击"默认"选项卡"绘图"面板中的"样条曲线拟合"按钮，绘制样条曲线。命令行提示与操作如下：

命令：_SPLINE
当前设置 : 方式 = 拟合　节点 = 弦
指定第一个点或 [方式 (M)/ 节点 (K)/ 对象 (O)]:_M
输入样条曲线创建方式 [拟合 (F)/ 控制点 (CV)] < 拟合 >:_FIT
当前设置 : 方式 = 拟合　节点 = 弦
指定第一个点或 [方式 (M)/ 节点 (K)/ 对象 (O)]: 指定下一点 :(指定一点)
指定下一个点或 [起点切向 (T)/ 公差 (L)]:< 正交 关 >(在适当位置指定一点)
指定下一个点或 [端点相切 (T)/ 公差 (L)/ 放弃 (U)]:(在适当位置指定一点)
指定下一个点或 [端点相切 (T)/ 公差 (L)/ 放弃 (U)/ 闭合 (C)]:(在适当位置指定一点)
指定下一个点或 [端点相切 (T)/ 公差 (L)/ 放弃 (U)/ 闭合 (C)]:(在适当位置指定一点)
指定下一个点或 [端点相切 (T)/ 公差 (L)/ 放弃 (U)/ 闭合 (C)]:

图 3-43 绘制正四边形

图 3-44 绘制直线

结果如图 3-42 所示。

3.6 多线

多线是一种复合线，由连续的直线段复合组成。这种线的一个突出优点是能够提高绘图效率，保证图线之间的统一性，如建筑的墙体中大量用到这种线型。

3.6.1 绘制多线

【执行方式】

命令行：MLINE（缩写名：ML）
菜单：绘图→多线

【操作格式】

命令：MLINE ↙
当前设置：对正 = 上，比例 = 20.00，样式 = STANDARD
指定起点或 [对正 (J)/ 比例 (S)/ 样式 (ST)]:（指定起点）
指定下一点：（指定下一点）
指定下一点或 [放弃 (U)]:（继续指定下一点绘制线段。输入"U"则放弃前一段的绘制。右击或按 Enter 键则结束命令）
指定下一点或 [闭合 (C)/ 放弃 (U)]:（继续给定下一点绘制线段。输入"C"则闭合线段，结束命令）

【选项说明】

（1）对正（J） 用于给定绘制多线的基准。共有三种对正类型，即"上""无"和"下"。其中，"上（T）"表示以多线上侧的线为基准，依此类推。

（2）比例（S） 选择该项，要求用户设置平行线的间距。值为零时平行线重合，设置的值为负时多线的排列倒置。

（3）样式（ST） 用于设置当前使用的多线样式。

3.6.2 定义多线样式

【执行方式】

命令行：MLSTYLE

【操作格式】

命令：MLSTYLE ↙

执行该命令后，系统打开如图 3-45 所示的"多线样式"对话框。在该对话框中，用户可以对多线样式进行修改、保存和加载等操作。

图 3-45 "多线样式"对话框

3.6.3 实例——绘制多线

本例绘制的多线如图 3-46 所示。该多线由三条平行线组成，其中中心轴线为紫色，其余两条平行线为黑色，与中心轴线的距离均为 0.5。

01 在命令行输入"MLSTYLE"，弹出"多线样式"对话框。在"多线样式"对话框中单击"新建"按钮，系统打开"创建新的多线样式"对话框，如图 3-47 所示。

图 3-46 绘制的多线

图 3-47 "创建新的多线样式"对话框

02 在"创建新的多线样式"对话框的"新样式名"文本框中键入"THREE"，单击"继续"按钮。

实讲实训
多媒体演示

多媒体演示参见配套光盘中的 \\ 动画演示 \ 第 3 章 \3.6.3 绘制多线 .avi。

03 系统打开"新建多线样式"对话框，如图 3-48 所示。

04 在"封口"选项组中设置多线起点和端点的特性，包括以直线、外弧还是内弧封口以及封口线段或圆弧的角度。

05 在"填充颜色"下拉列表中选择多线填充的颜色。

06 在"图元"选项组中设置组成多线的元素的特性。单击"添加"按钮可以为多线添加元素，单击"删除"按钮可以为多线删除元素，在"偏移"文本框中可以设置选中的元素的位置偏移值，在"颜色"下拉列表中可以为选中元素选择颜色，单击"线型"按钮可以为选中元素设置线型。

图 3-48　"新建多线样式"对话框

07 单击"确定"按钮，系统返回"多线样式"对话框，在"样式"列表框中会显示刚设置的多线样式名称。选择该样式，单击"置为当前"按钮，将刚设置的多线样式设置为当前样式，同时在下面的"预览"框中会显示当前多线样式的预览。

08 单击"确定"按钮，完成多线样式的设置。

📖 3.6.4　编辑多线

【执行方式】

命令行：MLEDIT

菜单：修改→对象→多线

【操作格式】

调用该命令后，打开"多线编辑工具"对话框，如图 3-49 所示。在该对话框中可以创建或修改多线的模式。该对话框中分 4 列显示了示例图形。其中，第 1 列用于处理十字交叉形式的多线，第 2 列用于处理 T 形多线，第 3 列用于处理角点结合和顶点，第 4 列用于处理多线被剪切或接合的形式。

单击某个示例图形，然后单击"确定"按钮，可以调用该项编辑功能。

下面以"十字打开"为例介绍多段线的编辑方法。选择"十字打开"选项后，系统提示如下：

选择第一条多线：(选择第一条多线)
选择第二条多线：(选择第二条多线)

选择完毕后，第二条多线被第一条多线横断交叉。系统继续提示：

选择第一条多线或 [放弃 (U)]:

可以继续选择多线进行编辑。选择"放弃（U）"选项会撤消前次操作。操作过程和执行结果如图 3-50 所示。

图 3-49　"多线编辑工具"对话框

a) 选择第一条多线　b) 选择第二条多线　　c) 执行结果

图 3-50　十字打开

3.7　文字输入

在图纸中文字传递了很多设计信息，它可能是一个很长很复杂的说明，也可能是一个简短的文字信息。当需要标注的文本不太长时，可以利用 TEXT 命令创建单行文本。当需要标注很长很复杂的文字信息时，可以用 MTEXT 命令创建多行文本。

3.7.1　文字样式

AutoCAD 2024 提供了"文字样式"对话框，在这个对话框中可方便直观地设置需要的文字样式，或是对已有样式进行修改。

【执行方式】

命令行：STYLE（缩写名：ST）或 DDSTYLE
菜单：格式→文字样式
工具栏：文字→文字样式 A，或样式→文字样式管理器 A，
功能区：单击"默认"选项卡"注释"面板中的"文字样式"按钮 A，（见图 3-51），或单击"注释"选项卡"文字"面板上的"文字样式"下拉菜单中的"管理文字样式"按钮（见图 3-52），或单击"注释"选项卡"文字"面板中"对话框启动器"按钮 ↘

【操作格式】

命令：STYLE ✓

在命令行输入"STYLE"或"DDSTYLE"命令，或选择"格式"→"文字样式"命令，

AutoCAD 打开"文字样式"对话框，如图 3-53 所示。

图 3-51 "注释"面板　　　　　　　　　　图 3-52 "文字"面板

图 3-53 "文字样式"对话框

【选项说明】

（1）"样式"选项组　用于命名新样式名或对已有样式名进行相关操作。单击"新建"按钮，打开如图 3-54 所示的"新建文字样式"对话框。双击"样式名"文本框中的文字样式名称，可为其修改名称，如图 3-55 所示。

图 3-54 "新建文字样式"对话框　　　　图 3-55 文字样式重命名

（2）"字体"选项组 确定字体样式。在 AutoCAD 中，除了它固有的 SHX 字体外，还可以使用 TrueType 字体（如宋体、楷体、italic 等）。一种字体可以设置不同的效果，如图 3-56 所示为同一种字体（宋体）的不同样式。

电气设计
电气设计
电气设计
电气设计
电 气 设 计
电气设计
电气设计

图 3-56 同一字体的不同样式

"字体"选项组用来确定文字样式使用的字体文件、字体风格及字高等。如果在"高度"文本框中输入一个数值，则它将作为创建文字时的固定字高，在用 TEXT 命令输入文字时，AutoCAD 不再提示输入字高参数；如果在此文本框中设置字高为 0，则会在每一次创建文字时提示输入字高，所以如果不想固定字高就可以将其设置为 0。

（3）"大小"选项组

1）"注释性"复选框：指定文字为注释性文字。

2）"使文字方向与布局匹配"复选框：指定图纸空间视口中的文字方向与布局方向匹配。如果不勾选"注释性"选项，则该选项不可用。

3）"高度"文本框：设置文字高度。如果输入 0.0，则每次用该样式输入文字时，文字默认值为 0.2 高度。

（4）"效果"选项组 其中各项用于设置字体的特殊效果。

1）"颠倒"复选框：选中此复选框，表示将文本文字倒置标注，如图 3-57a 所示。

2）"反向"复选框：确定是否将文本文字反向标注。图 3-57b 所示为"反向"标注效果。

3）"垂直"复选框：确定文本是水平标注还是垂直标注。选中此复选框时为垂直标注，否则为水平标注，如图 3-58 所示。

ABCDEFGHIJKLMN

ABCDEFGHIJKLMN

a）

ABCDEFGHIJKLMN

ABCDEFGHIJKLMN

b）

abcd
a
b
c
d

图 3-57 文字倒置标注与反向标注

图 3-58 垂直标注文字

4）"宽度因子"文本框：用于设置宽度系数，确定文本字符的宽高比。当此系数为 1 时，表示将按字体文件中定义的宽高比标注文字。当此系数小于 1 时字会变窄，反之变宽。

5）"倾斜角度"文本框：用于确定文字的倾斜角度。角度为 0 时不倾斜，为正时向右倾斜，为负时向左倾斜。

📖 3.7.2 单行文本输入

【执行方式】

命令行：TEXT 或 DTEXT

菜单：绘图→文字→单行文字

工具栏：文字→单行文字 A

功能区：单击"默认"选项卡"注释"面板中的"单行文字"按钮 A，或单击"注释"选项卡"文字"面板中的"单行文字"按钮 A

【操作格式】

命令 : TEXT ✓
当前文字样式 : Standard 文字高度 : 2.5000 注释性 : 否 对正 : 左
指定文字的起点或 [对正 (J)/ 样式 (S)]: (指定点或输入选项)

注意

只有当前文本样式中设置的字符高度为 0，在使用 TEXT 命令时 AutoCAD 才会出现要求用户确定字符高度的提示。

【选项说明】

（1）指定文字的起点　在此提示下可直接在屏幕上选取一点作为文本的起始点。命令行提示如下 :

指定高度 <0.2000>: (指定字符的高度)
指定文字的旋转角度 <0>: (指定文本行的倾斜角度)

在此提示下输入一行文本后按 Enter 键，可继续输入文本，如果在此提示下直接按 Enter 键，则退出 TEXT 命令。可见，由 TEXT 命令也可创建多行文本，只是这种多行文本每一行是一个对象，因此不能对多行文本同时进行操作，但可以单独修改每一行的文字样式、字高、旋转角度和对正方式等。

（2）对正（J）　用来确定文本的对正方式。对正方式决定文本的哪一部分与所选的插入点对正。选择此选项，命令行提示如下 :

输入选项 [左 (L)/ 居中 (C)/ 右 (R)/ 对齐 (A)/ 中间 (M)/ 布满 (F)/ 左上 (TL)/ 中上 (TC)/ 右上 (TR)/ 左中 (ML)/ 正中 (MC)/ 右中 (MR)/ 左下 (BL)/ 中下 (BC)/ 右下 (BR)]:

可在此提示下选择一个选项作为文本的对正方式。当文本水平排列时，AutoCAD 为标注文本定义了如图 3-59 所示的顶线、中线、基线和底线。文本的对正方式如图 3-60 所示，图中大写字母对应上述提示中的各命令。

图 3-59　文本行的底线、基线、中线和顶线

图 3-60　文本的对正方式

下面以"对齐"为例进行简要说明。

选择此选项，要求用户指定文本行基线的起点与终点的位置。命令行提示如下 :

指定文字基线的第一个端点 : (指定文本行基线的起点位置)
指定文字基线的第二个端点 : (指定文本行基线的终点位置)

执行该命令后，所输入的文本字符均匀地分布于指定的两点之间。如果两点间的连线不水

平，则文本行倾斜放置，倾斜角度由两点间的连线与 x 轴夹角确定，字高、字宽根据两点间的距离、字符的多少以及文字样式中设置的宽度因字自动确定。指定了两点之后，每行输入的字符越多，字宽和字高越小。

其他选项与"对齐"类似，不再赘述。

实际绘图时，有时需要标注一些特殊字符，如直径符号、上划线或下划线、温度符号等，由于这些符号不能直接从键盘上输入，为此 AutoCAD 提供了一些控制码，用来实现这些符号的标注。控制码由两个百分号（%%）加一个字符构成，常用的控制码见表 3-1。

表 3-1　AutoCAD 常用控制码

符号	功能	符号	功能
%%O	上划线	\u+0278	电相位
%%U	下划线	\u+E101	流线
%%D	"度"符号	\u+2261	标识
%%P	正负符号	\u+E102	界碑线
%%C	直径符号	\u+2260	不相等
%%%	百分号	\u+2126	欧姆
\u+2248	几乎相等	\u+03A9	欧米加
\u+2220	角度	\u+214A	低界线
\u+E100	边界线	\u+2082	下标 2
\u+2104	中心线	\u+00B2	上标 2
\u+0394	差值		

其中 %%O 和 %%U 分别是上划线和下划线的开关，第一次出现此符号时开始画上划线或下划线，第二次出现此符号时上划线和下划线终止。例如，在"输入文字："提示下输入"I want to %%U go to Beijing%%U"，生成的文本行如图 3-61a 所示，输入"50%%D+%%C75%%P12"，生成的文本行如图 3-61b 所示。

用 TEXT 命令可以创建一个或若干个单行文本，也就是说用此命令可以标注多行文本。在"输入文字："提示下输入一行文本后按 Enter 键，可继续输入第二行文本，依此类推，直到文本全部输入完毕，再在此提示下直接按 Enter 键，结束文本输入命令。每一次按 Enter 键则结束一个单行文本的输入，每一个单行文本是一个对象，可以单独修改其文本样式、字高、旋转角度和对正方式等。

I want to <u>go to Beijing</u>.　　50°+⌀75±12

a)　　　　　　　　　　　　b)

图 3-61　特殊字符的输入

用 TEXT 命令创建文本时，在命令行输入的文字同时显示在屏幕上，而且在创建过程中可以随时改变文本的位置。如果将光标移到新的位置单击，则当前行结束，随后输入的文本将出现在新的位置。用这种方法可以把多行文本标注到屏幕上的任何地方。

3.7.3　多行文本输入

【执行方式】

命令行：MTEXT（缩写名：T 或 MT）

菜单：绘图→文字→多行文字

工具栏：绘图→多行文字 **A** 或文字→多行文字 **A**

功能区：单击"默认"选项卡"注释"面板中的"多行文字"按钮 **A**，或单击"注释"选项卡"文字"面板中的"多行文字"按钮 **A**

【操作格式】

命令：MTEXT↙

选择相应的菜单项或单击相应的工具按钮，或在命令行输入 MTEXT 命令后按 Enter 键，命令行提示如下：

当前文字样式："Standard"文字高度：2.5 注释性：否

指定第一角点：(指定矩形框的第一个角点)

指定对角点或 [高度 (H)/ 对正 (J)/ 行距 (L)/ 旋转 (R)/ 样式 (S)/ 宽度 (W) / 栏 (C)]:

【选项说明】

（1）指定对角点　直接在屏幕上拾取一个点作为矩形框的第二个角点。AutoCAD 以指定的第一角点和该点为对角点形成一个矩形区域，其宽度即为将要标注的多行文本的宽度，第一角点即为第一行文本顶线的起点。指定对角点后 AutoCAD 打开"文字编辑器"选项卡和多行文字编辑器，可利用此编辑器输入多行文本并对其格式进行设置。关于该选项卡中各选项的含义和多行文字编辑器功能，稍后再详细介绍。

（2）对正（J）　确定所标注文本的对齐方式。

这些对齐方式与"TEXT"命令中的对齐方式相同，在此不再赘述。选择一种对齐方式后按 Enter 键，AutoCAD 回到上一级提示。

（3）行距（L）　确定多行文本的行间距。这里所说的行间距是指相邻两文本行基线之间的垂直距离。选择此选项，命令行提示如下：

输入行距类型 [至少 (A)/ 精确 (E)]< 至少 (A)>:

在此提示中有两种方式确定行间距，即"至少"方式和"精确"方式。在"至少"方式下，AutoCAD 根据每行文本中最大的字符自动调整行间距。在"精确"方式下，AutoCAD 给多行文本赋予一个固定的行间距。可以直接输入一个确切的间距值，也可以输入"nx"的形式，其中"n"是一个具体数，表示行间距设置为单行文本高度的 n 倍，而单行文本高度是本行文本字符高度的 1.66 倍。

（4）旋转（R）　确定文本行的倾斜角度。选择此选项，命令行中提示如下：

指定旋转角度 <0> :（输入旋转角度）

输入角度值后按 Enter 键，返回到"指定对角点或 [高度（H）/ 对正（J）/ 行距（L）/ 旋转（R）/

样式（S）/宽度（W）/栏（C）]："提示。

（5）样式（S） 确定当前的文本文字样式。

（6）宽度（W） 指定多行文本的宽度。可在屏幕上拾取一点，将其与前面确定的第一个角点组成的矩形框的宽度作为多行文本的宽度，也可以输入一个数值，精确设置多行文本的宽度。

（7）高度（H） 用于指定多行文本的高度。可在绘图区选择一点，将其与前面确定的第一个角点组成的矩形框的高作为多行文本的高度，也可以输入一个数值，精确设置多行文本的高度。

🎓 高手支招

在创建多行文本时，只要指定文本行的起始点和宽度，AutoCAD就会打开"文字编辑器"选项卡和多行文字编辑器，如图3-62和图3-63所示。该编辑器与Word编辑器界面相似。事实上该编辑器与Word编辑器在某些功能上趋于一致，这样既可增强多行文字的编辑功能，又能使用户熟悉和方便地使用该编辑器。

图3-62 "文字编辑器"选项卡

（8）栏（C） 可以将多行文字对象的格式设置为多栏。可以指定栏和栏之间的宽度、高度及栏数，以及使用夹点编辑栏宽和栏高。其中提供了3个栏选项："不分栏""静态栏"和"动态栏"。

下面详细介绍"文字编辑器"选项卡和多行文字编辑器。

图3-63 多行文字编辑器

"文字编辑器"选项卡可用来控制文本文字的显示特性。可以在输入文本文字前设置文本的特性，也可以改变已输入的文本文字特性。要改变已有文本文字显示特性，首先应选择要修改的文本。选择文本的方式有以下3种：

1）将光标定位到文本文字开始处，按住鼠标左键，拖到文本末尾，可选中全部文本。

2）双击某个文字，则选中该文字。

3）单击3次，则选中全部内容。

下面介绍该选项卡中部分选项的功能。

1）"文字高度"下拉列表框：确定文本的字符高度。可在文本框中直接输入新的字符高度，也可从下拉列表中选择已设定的高度。

2）"**B**"和"*I*"按钮：设置加粗或斜体效果。这两个按钮只对TrueType字体有效。

3）"删除线"按钮 ：用于在文字上添加水平删除线。

4）"下划线"按钮 **U** 与"上划线"按钮 **Ō** ：设置或取消上划线和下划线。

5）"堆叠"按钮 ：即层叠/非层叠文本按钮，可用于层叠所选的文本对象，也就是创建分数形式。当文本中某处出现"/""^"或"#"这3种层叠符号之一时可层叠文本，方法是选中需层叠的文字，然后单击此按钮，则符号左边的文字作为分子，右边的文字作为分母。Auto-CAD 提供了 3 种分数形式：

- 如果选中 "abcd/efgh" 后单击此按钮，则生成如图 3-64a 所示的分数形式。
- 如果选中 "abcd^efgh" 后单击此按钮，则生成如图 3-64b 所示的形式。此形式多用于标注极限偏差。
- 如果选中 "abcd#efgh" 后单击此按钮，则创建斜排的分数形式，如图 3-64c 所示。如果选中已经层叠的文本对象后单击此按钮，则恢复到非层叠形式。

6) "倾斜角度" 下拉列表框 $0/$：设置文字的倾斜角度。文字的倾斜角度与斜体效果如图 3-65 所示。

$$
\begin{array}{ccc}
\dfrac{abcd}{efgh} & \dfrac{abcd}{efgh} & abcd\diagup efgh \\
a) & b) & c)
\end{array}
$$

建筑设计
建筑设计
建筑设计

图 3-64　文本层叠　　　　　　　　　　　　图 3-65　文字倾斜角度与斜体效果

7) "符号" 按钮 @：用于输入各种符号。单击该按钮，系统打开如图 3-66 所示的符号列表，可以从中选择符号插入到文本中。

8) "插入字段" 按钮：用于插入一些常用或预设字段。单击该按钮，系统打开如图 3-67 所示的 "字段" 对话框，用户可以从中选择字段插入到标注文本中。

9) "追踪" 按钮：用于增大或减小选定字符之间的空隙。

图 3-66　符号列表

图 3-67　"字段" 对话框

10) "宽度因子" 按钮：用于扩展或收缩选定字符。

11) "上标" 按钮 x^2：将选定文字转换为上标，即在键入线的上方设置稍小的文字。

12）"下标"按钮 **X₂**：将选定文字转换为下标，即在键入线的下方设置稍小的文字。

13）"清除格式"下拉列表：用于删除选定字符的字符格式，或删除选定段落的段落格式，或删除选定段落中的所有格式。

14）"项目符号和编号"下拉列表：添加段落文字前面的项目符号和编号。

- 关闭：如果选择此选项，将从应用了列表格式的选定文字中删除字母、数字和项目符号，但不更改缩进状态。
- 以数字标记：应用将带有句点的数字用于列表中的项的列表格式。
- 以字母标记：应用将带有句点的字母用于列表中的项的列表格式。如果列表中含有的项多于 26 项（字母表中含有 26 个字母），可以使用双字母继续序列。
- 以项目符号标记：将项目符号用于列表中的项的列表格式。
- 起点：在列表格式中启动新的字母或数字序列。如果选定的项位于列表中间，则选定项下面的未选中的项也将成为新列表的一部分。
- 连续：将选定的段落添加到上面最后一个列表然后继续序列。如果选择了列表项而非段落，选定项下面的未选中的项将继续序列。
- 允许自动项目符号和编号：在键入时应用列表格式。以下字符可以用作字母和数字后的标点并不能用作项目符号：句点（.）、逗号（,）、右括号（)）、右尖括号（>）、右方括号（]）和右花括号（}）。
- 允许项目符号和列表：如果选择此选项，列表格式将应用到外观类似列表的多行文字对象中的所有纯文本。

15）拼写检查：用于键入时打开或关闭拼写检查。

16）编辑词典：显示"词典"对话框。从中可添加或删除在拼写检查过程中使用的自定义词典。

17）标尺：在多行文字编辑器顶部显示标尺。拖动标尺末尾的箭头可更改文字对象的宽度。列模式处于活动状态时，还显示高度和列夹点。

18）段落：为段落和段落的第一行设置缩进。指定制表位和缩进，控制段落对齐方式、段落间距和段落行距。"段落"对话框如图 3-68 所示。

图 3-68　"段落"对话框

19）输入文字：选择此项，系统打开"选择文件"对话框，如图3-69所示。可选择任意ASCII或RTF格式的文件。输入的文字保留原始字符格式和样式特性，但可以在多行文字编辑器中编辑和格式化输入的文字。选择要输入的文本文件后，可以替换选定的文字或全部文字，或在文字边界内将插入的文字附加到选定的文字中。输入文字的文件必须小于32KB。

图3-69　"选择文件"对话框

🎓 高手支招

多行文字由任意数目的文字行或段落组成，布满指定的宽度，还可以沿垂直方向无限延伸。多行文字中，无论行数是多少，单个编辑任务中创建的每个段落集将构成单个对象，用户可对其进行移动、旋转、删除、复制、镜像或缩放操作。

📖 3.7.4　文字编辑

🔍【执行方式】

命令行：DDEDIT（缩写名：ED）

菜单：修改→对象→文字→编辑

工具栏：文字→编辑

快捷菜单："编辑多行文字"或"编辑文字"

🛠【操作格式】

选择相应的菜单项，或在命令行输入"DDEDIT"命令后按Enter键，命令行提示如下：

命令：DDEDIT ✓
TEXTEDIT
当前设置：编辑模式 = Multiple
选择注释对象或 [放弃 (U)/ 模式 (M)]:

系统要求选择想要修改的文本，同时光标变为拾取框。用拾取框单击对象，如果选取的文本是用 TEXT 命令创建的单行文本，则亮显该文本，此时可对其进行修改；如果选取的文本是用 MTEXT 命令创建的多行文本，选取后则打开多行文字编辑器（见图 3-63），可根据前面的介绍对各项设置或内容进行修改。

 3.7.5　实例——绘制低压电气图

本例绘制的低压电气图如图 3-70 所示。先绘制方形线盒，再绘制与之相连的水平导线和开关以及排风扇，接下来绘制竖直导线以及三条水平支线上的开关、电源等元件，最后标注文字。绘制过程中要用到直线、圆、矩形和文字等命令。

💡 **实讲实训**
多媒体演示

多媒体演示参见配套资料中的 \\ 动画演示 \ 第 3 章 \3.7.5 绘制低压电气图 .avi。

图 3-70　低压电气图

01 单击"默认"选项卡"绘图"面板中的"矩形"按钮▭，绘制方形线盒。命令行提示与操作如下所示：

命令：_rectang
指定第一个角点或 [倒角 (C)/ 标高 (E)/ 圆角 (F)/ 厚度 (T)/ 宽度 (W)]:（指定点或输入选项)
指定另一个角点或 [面积 (A)/ 尺寸 (D)/ 旋转 (R)]:（使用指定的点作为对角点创建矩形）

结果如图 3-71 所示。

02 单击"默认"选项卡"绘图"面板中的"圆"按钮⊙和"直线"按钮╱，绘制排风扇以及与方形线盒相连的水平导线和开关，结果如图 3-72 所示。

03 单击"默认"选项卡"绘图"面板中的"直线"按钮╱，绘制电源开关，结果如图 3-73 所示。

04 单击"默认"选项卡"绘图"面板中的"直线"按钮╱、"圆弧"按钮⌒和"矩形"按钮▭，绘制竖直导线及三条水平线上的开关、电源等元件，结果如图 3-74 所示。

05 单击"默认"选项卡"注释"面板中的"多行文字"按钮**A**，为低压电气图添加文字标注，结果如图 3-70 所示。

图 3-71　绘制方形线盒

图 3-72　绘制导线、开关和排风扇

图 3-73　绘制电源开关

图 3-74　绘制导线、开关和电源

> **注意**
>
> 由于所绘制的直线、多段线和圆弧都是首尾相连或水平对正，所以在指定相应点时需要比较细心，操作起来也比较烦琐。在读者学习并掌握了后面章节中的精确绘图相关知识后，绘制该图形会非常简便。

3.8　表格

使用 AutoCAD 提供的表格功能，创建表格非常容易，用户可以直接插入设置好样式的表格，而不用绘制图线来创建表格。

3.8.1　定义表格样式

表格样式是用来控制表格基本形状和间距的一组设置。和文字样式一样，所有 AutoCAD 图形中的表格都有和其相对应的表格样式。当插入表格对象时，AutoCAD 使用当前设置的表格样式。模板文件 ACAD.DWT 和 ACADISO.DWT 中定义了名叫 STANDARD 的默认表格样式。

【执行方式】

命令行：TABLESTYLE

菜单：格式→表格样式

工具栏：样式→表格样式▦

功能区：单击"默认"选项卡"注释"面板中的"表格样式"按钮▦，或单击"注释"选项卡"表格"面板上的"表格样式"下拉菜单中的"管理表格样式"按钮，或单击"注释"选项卡"表格"面板中"对话框启动器"按钮▫

【操作格式】

命令：TABLESTYLE ✓

执行上述操作后，AutoCAD 将打开"表格样式"对话框，如图 3-75 所示。

【选项说明】

（1）"新建"按钮　单击该按钮，系统打开"创建新的表格样式"对话框，如图 3-76 所示。输入新的表格样式名后单击"继续"按钮，系统打开如图 3-77 所示的"新建表格样式"对话框，从中可以定义新的表格样式。

图 3-75　"表格样式"对话框

图 3-76　"创建新的表格样式"对话框

"新建表格样式"对话框中有"常规""文字"和"边框"三个选项卡，分别控制表格中数据、表头和标题的有关参数。表格样式如图 3-78 所示。

图 3-77　"新建表格样式"对话框

图 3-78　表格样式

1）"常规"选项卡。

①"特性"选项组：

● 填充颜色：指定填充颜色。

- 对齐：为单元内容指定一种对正方式。
- 格式：设置表格中各行的数据类型和格式。
- 类型：将单元样式指定为标签或数据，在包含起始表格的表格样式中插入默认文字时使用，也可用于在工具选项板上创建表格工具的情况。

②"页边距"选项组：

- 水平：设置单元中的文字或块与左右单元边界之间的距离。
- 垂直：设置单元中的文字或块与上下单元边界之间的距离。
- 创建行/列时合并单元：将使用当前单元样式创建的行或列合并到一个单元中。

2）"文字"选项卡。

① 文字样式：指定文字样式。
② 文字高度：指定文字高度。
③ 文字颜色：指定文字颜色。
④ 文字角度：设置文字角度。

3）"边框"选项卡。

① 线宽：设置要用于显示边界的线宽。
② 线型：通过单击边框按钮，设置线型以应用于指定边框。
③ 颜色：指定颜色以应用于显示的边界。
④ 双线：指定选定的边框为双线型。

（2）"修改"按钮　单击该按钮，可对当前表格样式进行修改。方法与新建表格样式相同。

3.8.2　创建表格

在设置好表格样式后，用户可以利用 TABLE 命令创建表格。

【执行方式】

命令行：TABLE
菜单：绘图→表格
工具栏：绘图→表格⊞
功能区：单击"默认"选项卡"注释"面板中的"表格"按钮⊞，或单击"注释"选项卡"表格"面板中的"表格"按钮⊞

【操作格式】

命令：TABLE ✓

AutoCAD 将打开"插入表格"对话框，如图 3-79 所示。

【选项说明】

（1）"表格样式"选项组　可以在"表格样式"下拉列表中选择一种表格样式，也可以通过单击后面的⊞按钮来新建或修改表格样式。
（2）"插入选项"选项组

图 3-79 "插入表格"对话框

1）"从空表格开始"单选按钮：创建可以手动填充数据的空表格。

2）"自数据链接"单选按钮：通过启动数据链接管理器来创建表格。

3）"自图形中的对象数据（数据提取）（X）"单选按钮：通过启动"数据提取"向导来创建表格。

（3）"插入方式"选项组

1）"指定插入点"单选按钮：指定表格左上角的位置。可以使用定点设备，也可以在命令行中输入坐标值。如果表格样式将表格的方向设置为由下而上读取，则插入点位于表格的左下角。

2）"指定窗口"单选按钮：指定表的大小和位置。可以使用定点设备，也可以在命令行中输入坐标值。选定此选项时，行数、列数、列宽和行高取决于窗口的大小以及列和行设置。

（4）"列和行设置"选项组　指定列和数据行的数目以及列宽与行高。

（5）"设置单元样式"选项组　指定"第一行单元样式""第二行单元样式"和"所有其他行单元样式"分别为标题、表头或者数据样式。

 注意

一个单位行高的高度为文字高度与垂直边距的和。列宽设置必须不小于文字宽度与水平边距的和，如果列宽小于此值，则实际列宽以文字宽度与水平边距的和为准。

在"插入表格"对话框中进行相应的设置后，单击"确定"按钮，系统在指定的插入点或窗口自动插入一个空表格，并显示"文字编辑器"选项卡，用户可以逐行逐列输入相应的文字或数据，如图 3-80 所示。

图 3-80　空表格和"文字编辑器"选项卡

3.8.3 表格文字编辑

【执行方式】

命令行：TABLEDIT

快捷菜单：选定表中一个或多个单元后，右击并选择快捷菜单上的"编辑文字"命令（见图 3-81）

定点设备：在表单元内双击

【操作格式】

命令：TABLEDIT ✓

系统打开多行文字编辑器，用户可以对指定单元格中的文字进行编辑。

在 AutoCAD 2024 中，可以在表格中插入简单的公式，用于计算总计、计数和平均值，以及定义简单的算术表达式。要在选定的单元格中插入公式，可右击，在弹出的快捷菜单中选择插入公式命令，如图 3-82 所示。也可以使用在位文字编辑器来输入公式。选择一个公式项后，系统提示如下：

图 3-81 快捷菜单

图 3-82 插入公式

选择表单元：（在表格内指定一点）

指定单元范围后，系统对范围内单元格的数值按指定公式进行计算，给出最终计算值。

3.9 综合实例——电气制图 A3 样板图

本例绘制的 A3 样板图如图 3-83 所示。

图 3-83 A3 样板图

实讲实训
多媒体演示

多媒体演示参见配套资料中的 \\ 动画演示 \ 第 3 章 \3.9 电气制图 A3 样板图 .avi。

01 绘制图框。单击"默认"选项卡"绘图"面板中的"矩形"按钮，绘制一个矩形。命令行中的提示与操作如下：

命令：rectang
指定第一个角点或 [倒角 (C)/ 标高 (E)/ 圆角 (F)/ 厚度 (T)/ 宽度 (W)]: 25,10 ↙
指定另一个角点或 [面积 (A)/ 尺寸 (D)/ 旋转 (R)]: 410,287 ↙

结果如图 3-84 所示。

图 3-84 绘制矩形

注意

输入坐标时，其中的逗号必须是西文逗号，否则会出现错误。

注意

国家标准规定 A3 图纸的幅面大小是 420mm×297mm。这里留出了带装订边的图框到纸面边界的距离。

02 绘制标题栏。标题栏如图 3-85 所示。由于分隔线不整齐，所以可以先绘制一个 28×4（每个单元格的尺寸是 5×8）的标准表格，然后在此基础上编辑合并单元格。

❶ 打开"表格样式"对话框。单击"注释"选项卡"表格"面板中的"对话框启动器"按钮 ⬎，系统弹出"表格样式"对话框，如图 3-86 所示。

图 3-85　标题栏

图 3-86　"表格样式"对话框

❷ 设置"修改表格样式"对话框。单击"修改"按钮，系统弹出"修改表格样式"对话框，在"单元样式"下拉列表中选择"数据"选项，在下面的"文字"选项卡中将"文字高度"设置为 3，如图 3-87 所示。再打开"常规"选项卡，将"页边距"选项组中的"水平"和"垂直"都设置成 1，如图 3-88 所示。

图 3-87　"修改表格样式"对话框

图 3-88　设置"常规"选项卡

 注意

表格的行高＝文字高度＋2×垂直面边距，此处设置为 3 + 2×1 = 5。

❸ 单击"确定"按钮，系统返回"表格样式"对话框，单击"关闭"按钮退出。

❹ 设置"插入表格"对话框。单击"默认"选项卡"注释"面板中的"表格"按钮 ⊞，系统弹出"插入表格"对话框。在"列和行设置"选项组中将"列数"设置为 28，将"列宽"设置为 5，将"数据行数"设置为 2（加上标题行和表头行共 4 行），将"行高"设置为 1 行（即为 10）；在"设置单元样式"选项组中将"第一行单元样式"与"第二行单元样式"和

"所有其他行单元样式"都设置为"数据",如图 3-89 所示。

图 3-89 "插入表格"对话框

❺ 生成表格。在图框线右下角附近指定插入表格位置,系统生成表格,同时打开"文字编辑器"选项卡,如图 3-90 所示。不输入文字直接按 Enter 键,生成的表格如图 3-91 所示。

图 3-90 表格和"文字编辑器"选项卡

图 3-91 生成表格

❻ 修改表格高度。单击表格中的一个单元格,系统显示其编辑夹点,右击,在打开的快捷菜单中选择"特性"命令,如图 3-92 所示。系统弹出"特性"选项板,将"单元高度"改为 8,如图 3-93 所示。这样该单元格所在行的高度统一改为了 8。同样,将其他行的高度改为 8,如图 3-94 所示。

图 3-92　快捷菜单

图 3-93　"特性"选项板

图 3-94　修改表格高度

❼ 合并单元格。选择 A1、A2 单元格，按住 Shift 键，同时选择右边的 12 个单元格以及下面的 13 个单元格，右击，打开快捷菜单，选择其中的"合并"→"全部"命令，如图 3-95 所示。完成这些单元格的合并，结果如图 3-96 所示。

图 3-95　快捷菜单

图 3-96 合并单元格

采用同样方法合并其他单元格，结果如图 3-97 所示。

图 3-97 完成表格绘制

❸ 输入文字。在单元格中单击 3 次，打开"文字编辑器"选项卡，在单元格中输入文字，将文字大小改为 4，如图 3-98 所示。采用相同的方法，输入其他单元格文字，结果如图 3-99 所示。

图 3-98 输入文字

		材料		比例	
		数量		共 张第 张	
制图					
审核					

图 3-99 完成标题栏文字输入

03 保存样板图。选择菜单栏中的"文件"→"另存为"命令，弹出"图形另存为"对话框，将图形保存为 DWT 格式文件，如图 3-100 所示。

71

图 3-100 "图形另存为"对话框

3.10 上机实验

实验 1 绘制如图 3-101 所示的电抗器符号

 操作提示

1）利用"直线"命令绘制两条垂直相交直线。

2）利用"圆弧"命令绘制连接弧。

3）利用"直线"命令绘制竖直直线。

实验 2 绘制如图 3-102 所示的壁龛交接箱符号

图 3-101 电抗器符号   图 3-102 壁龛交接箱符号

操作提示

1）利用"矩形"和"直线"命令绘制箱体。

2）利用"图案填充"命令填充相关区域。

实验 3　绘制如图 3-103 所示的电流互感器符号

操作提示

1）利用"直线"命令绘制竖直导线。

2）利用"多段线"命令绘制电感线圈。

实验 4　绘制如图 3-104 所示的振荡回路

操作提示

1）利用"多段线"命令绘制电感及导线。

2）利用"直线"命令绘制导线和电容。

3）利用"多行文字"命令标注文字。

实验 5　绘制如图 3-105 所示的带滑动触点的电位器 R1

图 3-103　电流互感器　　　图 3-104　振荡回路　　　图 3-105　带滑动触点的电位器 R1

操作提示

1）利用"矩形"和"直线"命令绘制初步图形。

2）利用"多段线"命令绘制箭头。

3）利用"单行文字"命令标注文字。

实验 6　绘制如图 3-106 所示的 A3 幅面标题栏

图 3-106　A3 幅面标题栏

操作提示

1）设置表格样式。

2）插入空表格并调整列宽。

3）输入文字和数据。

3.11 思考与练习

1. 选择连线题

1）将下面的命令与其命令名进行连线。

直线段　　　　　　　　　PLINE

样条曲线　　　　　　　　SPLINE

多段线　　　　　　　　　MLINE

多线　　　　　　　　　　LINE

2）下面的命令能绘制出线段或类线段图形的有：

A. LINE　　　　　　　B. SPLINE　　　　　　C. ARC　　　　　　D. PLINE

2. 问答题

1）请写出绘制圆弧的十种以上的方法。

2）可以用圆弧与直线取代多段线吗?

3. 操作题

1）绘制如图 3-107 所示的多种电源配电箱符号。

2）绘制如图 3-108 所示的蜂鸣器符号。

图 3-107　多种电源配电箱符号

图 3-108　蜂鸣器符号

第 **4** 章

基本绘图工具

利用 AutoCAD 提供的图层工具，可对每个图层设置颜色和线型。把具有相同特征的图形对象放在同一图层上绘制，不用分别设置对象的线型和颜色，不仅方便绘图，而且存储图形时只需存储其几何数据和所在图层，因而既节省了存储空间，又可以提高工作效率。为了快捷准确地绘制图形，AutoCAD 还提供了多种绘图工具，如对象捕捉工具、栅格工具和正交模式等。利用这些工具，可以方便、迅速、准确地实现图形的绘制和编辑，不仅可提高绘图效率，而且能很好地保证图形的质量。

- 图层设计
- 精确定位工具
- 对象捕捉工具
- 对象约束
- 缩放与平移

4.1 图层设计

图层的概念类似投影片，画图就是将不同属性的对象分别画在不同的图层（投影片）上，如将图形的主要线段、中心线、尺寸标注等分别画在不同的图层上（每个图层可设定不同的线型、线条颜色），然后把不同的图层堆叠在一起就成为一张完整的视图。这样可使视图层次分明有条理，方便图形对象的编辑与管理。一个完整的图形就是将它所包含的所有图层上的对象叠加在一起，如图 4-1 所示。

图 4-1　图层叠加

在用图层功能绘图之前，首先要对图层的各项特性进行设置，包括建立和命名图层、设置当前图层、设置图层的颜色和线型，以及设置图层是否关闭、是否冻结、是否锁定、是否删除等。本节主要对图层的这些相关操作进行介绍。

4.1.1 设置图层

1. 图层特性管理器

AutoCAD 2024 提供了详细直观的"图层特性管理器"选项板，用户可以方便地通过对其中的各选项及其二级对话框进行设置，实现建立新图层、设置图层颜色及线型等各种操作。

【执行方式】

命令行：LAYER

菜单：格式→图层

工具栏：图层→图层特性管理器

功能区：单击"默认"选项卡"图层"面板中的"图层特性"按钮，或单击"视图"选项卡"选项板"面板中的"图层特性"按钮。

【操作格式】

命令：LAYER ✓

系统打开如图 4-2 所示的"图层特性管理器"选项板。

图 4-2　"图层特性管理器"选项板

【选项说明】

（1）"新建特性过滤器"按钮 单击该按钮，打开"图层过滤器特性"对话框，如图4-3所示。从中可以基于一个或多个图层特性创建图层过滤器。

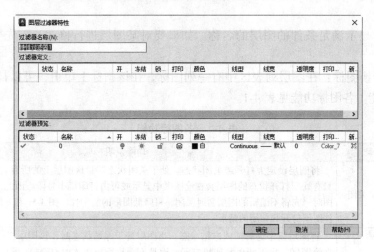

图4-3 "图层过滤器特性"对话框

（2）"新建组过滤器"按钮 单击该按钮，创建一个图层过滤器，其中包含了用户选定并添加到该过滤器的图层。

（3）"图层状态管理器"按钮 单击该按钮，打开"图层状态管理器"对话框，如图4-4所示。从中可以将图层的当前特性设置保存到命名图层状态中，还可以再恢复这些设置。

（4）"新建图层"按钮 用于建立新图层。单击此按钮，图层列表区中出现一个新的图层名字"图层1"，用户可使用此名，也可对其进行更改。要想同时产生多个图层，可在选择一个图层名后输入多个名称，各名称之间以逗号分隔。图层名字可以包含字母、数字、空格和特殊符号，AutoCAD

图4-4 "图层状态管理器"对话框

2024支持长达255个字符的图层名。新的图层继承了建立新图层时所选择的已有图层的所有特性（颜色、线型、ON/OFF状态等），如果新建图层时没有选择图层，则新图层采用默认的设置。

（5）"删除图层"按钮 用于删除所选图层。在图层列表中选择某一图层，然后单击此按钮，可把该图层删除。

（6）"置为当前"按钮 用于设置当前图层。在图层列表中选择某一图层，然后单击此按钮，可把该图层设置为当前图层，并在"当前图层"一栏中显示其名称。当前图层的名称存储在系统变量CLAYER中。另外，双击图层名也可把该图层设置为当前图层。

（7）"搜索图层"文本框 输入字符时，可按图层名称快速过滤图层列表。关闭"图层特性管理器"时并不保存此过滤器。

（8）"反转过滤器"复选框　勾选此复选框，显示所有不满足选定图层特性过滤器中条件的图层。

（9）图层列表区　显示已有的图层及其特性。当要修改某一图层的某一特性时，单击它所对应的图标即可。右击空白区域，利用快捷菜单可快速选择所有图层。图层列表区中各列的含义如下：

1）名称：显示满足条件的图层的名称。如果要对某图层进行修改，首先要选择该图层，使其突出显示。

2）状态转换图标：在图层列表区中有一列图标，在该图标上单击，可以打开或关闭该图标所代表的功能。各图标功能见表 4-1。

表 4-1　各图标功能

图标	名称	功能说明
⚪ / ⚫	打开 / 关闭	将图层设定为打开或关闭状态。处于关闭状态时，该图层上的所有对象将隐藏不显示，只有处于打开状态的图层会在绘图区中显示或可由打印机中打印。因此，当绘制复杂的视图时，先将不编辑的图层暂时关闭，可降低图形的复杂性。图 4-5a 和 b 所示分别为文字标注图层打开和关闭的情形
☀ / ❄	解冻 / 冻结	将图层设定为解冻或冻结状态。当图层处于冻结状态时，该图层上的对象均不会显示在绘图区，也不能由打印机打印，而且不会执行重生（REGEN）、缩放（ROOM）、平移（PAN）等命令的操作。因此，若将视图中不编辑的图层暂时冻结，可加快执行绘图编辑的速度。而 ⚪ / ⚪ （打开 / 关闭）功能只是单纯将对象隐藏，因此并不会加快执行速度
🔓 / 🔒	解锁 / 锁定	将图层设定为解锁或锁定状态。被锁定的图层仍然显示在图形上，但不能以编辑命令修改被锁定的对象，只能绘制新的对象。这样可防止重要的图形被修改
🖨 / 🖨	打印 / 不打印	设定该图层是否可以打印图形

图 4-5　打开或关闭文字标注图层

3）颜色：显示和改变图层的颜色。如果要改变某一图层的颜色，可单击其对应的颜色图标，从打开的如图 4-6 所示的"选择颜色"对话框中选择需要的颜色。

4）线型：显示和修改图层的线型。如果要修改某一图层的线型，可单击该图层的"线型"项，打开如图 4-7 所示的"选择线型"对话框，其中列出了当前可用的线型，用户可从中选择。具体内容将在 4.1.2 节中详细介绍。

5）线宽：显示和修改图层的线宽。如果要修改某一图层的线宽，可单击该图层的"线宽"项，打

图 4-6　"选择颜色"对话框

开如图4-8所示的"线宽"对话框，其中"线宽"列表框中列出了可以选用的线宽值，包括一些绘图中经常用到线宽，用户可从中选择需要的线宽。"旧的"显示行显示了前面赋予图层的线宽。当建立一个新图层时，系统采用默认线宽（其值为0.01in，即0.25mm），默认线宽的值由系统变量LWDEFAULT设置。"新的"显示行显示了赋予图层的新的线宽。

6）打印样式：用于修改图层的打印样式。打印样式是指打印图形时各项属性的设置。

图4-7 "选择线型"对话框

图4-8 "线宽"对话框

2. 特性面板

AutoCAD提供了一个"特性"面板，如图4-9所示。用户可以利用"特性"下拉菜单中的选项，快速地查看和改变所选对象的图层、颜色、线型和线宽特性。"特性"面板上的图层颜色、线型、线宽和打印样式等选项增强了查看和编辑对象属性的命令。在绘图区选择任何对象都将在工具栏上自动显示它所在图层、颜色、线型等属性。下面介绍"特性"面板中各部分的功能。

图4-9 "特性"面板

1）"颜色控制"下拉列表框：单击右侧的下三角按钮，弹出下拉列表，用户可从中选择一种颜色使之成为当前颜色。如果选择"选择颜色"选项，则系统打开"选择颜色"对话框，从中可以选择其他颜色。修改当前颜色之后，不论在哪个图层上绘图都采用这种颜色，但对各个图层的颜色设置没有影响。

2）"线型控制"下拉列表框：单击右侧的下三角按钮，弹出下拉列表，用户可从中选择某一线型使之成为当前线型。修改当前线型之后，不论在哪个图层上绘图都采用这种线型，但对各个图层的线型设置没有影响。

3）"线宽"下拉列表框：单击右侧的下三角按钮，弹出下拉列表，用户可从中选择一种线宽使之成为当前线宽。修改当前线宽之后，不论在哪个图层上绘图都采用这种线宽，但对各个图层的线宽设置没有影响。

4）"打印类型控制"下拉列表框：单击右侧的下三角按钮，弹出下拉列表，用户可从中选择一种打印样式使之成为当前打印样式。

📖 4.1.2 图层的线型

在 GB/T 4457.4—2002 中,对机械图样中使用的各种图线的名称、线型、线宽以及在图样中的应用做了规定,见表 4-2。其中常用的图线有 4 种,即粗实线、细实线、虚线和细点画线。图线分为粗、细两种,粗线的宽度 b 应按图样的大小和图形的复杂程度,在 0.5 ~ 2mm 之间选择,细线的宽度约为 $b/2$。根据电气图的需要,一般只使用 4 种图线,见表 4-3。

表 4-2 图线的型式及用途

图线名称	线型	线宽	主要用途
粗实线	——————————	b=0.5 ~ 2mm	可见轮廓线、可见过渡线
细实线	——————————	约 $b/2$	尺寸线、尺寸界线、剖面线、引出线、弯折线、牙底线、齿根线、辅助线等
细点画线	— — — — —	约 $b/2$	轴线、对称中心线、齿轮节线等
虚线	— — — — —	约 $b/2$	不可见轮廓线、不可见过渡线
波浪线	∿∿∿∿∿	约 $b/2$	断裂处的边界线、剖视与视图的分界线
双折线	⌐⌐⌐⌐	约 $b/2$	断裂处的边界线
粗点画线	▬ ▬ ▬ ▬	b	有特殊要求的线或面的表示线
双点画线	— — — —	约 $b/2$	相邻辅助零件的轮廓线、极限位置的轮廓线、假想投影的轮廓线

表 4-3 电气图用图线的型式及用途

图线名称	线型	线宽	主要用途
实线	——————————	约 $b/2$	基本线、简图主要内容用线、可见轮廓线、可见导线
点画线	— — — — —	约 $b/2$	分界线、结构图框线、功能图框线、分组图框线
虚线	— — — — —	约 $b/2$	辅助线、屏蔽线、机械连接线、不可见轮廓线、不可见导线、计划扩展内容用线
双点画线	— — — —	约 $b/2$	辅助图框线

按照 4.1.1 节中讲述的方法,打开如图 4-2 所示的"图层特性管理器"选项板。在图层列表区的"线型"项下单击线型名,系统打开如图 4-7 所示的"选择线型"对话框。该对话框中选项的含义如下:

1)"已加载的线型"列表框:显示在当前绘图中加载的线型,可供用户选用,其右侧显示出线型的形式。

2)"加载"按钮:单击此按钮,打开"加载或重载线型"对话框,如图 4-10 所示。用户可通过此对话框加载线型并把它添加到"可用线型"列表框中,不过加载的线型必须在线型库(LIN)文件中定义过。标准线型都保存在 acad.lin 文件中。

设置图层线型的方法如下:

命令行:LINETYPE

在命令行输入上述命令后,系统打开"线型管理器"对话框,如图 4-11 所示。该对话框中选项的含义与前面讲述的相关知识相同,这里不再赘述。

图 4-10 "加载或重载线型"对话框

图 4-11 "线型管理器"对话框

4.1.3 实例——绘制手动操作开关图形符号

利用图层命令绘制的手动操作开关图形符号如图 4-12 所示。

01 新建两个图层。

❶ 图层 1，设置颜色为黑色、线型为 Continuous，其他采用默认设置。

❷ 图层 2，设置颜色为红色、线型为 ACAD_ISO02W100，其他采用默认设置。

02 将图层 1 设为当前图层，单击"默认"选项卡"绘图"面板中的"直线"按钮 ╱，绘制手动操作开关的初步图形，结果如图 4-13 所示。

03 将图层 2 设为当前图层，单击"默认"选项卡"绘图"面板中的"直线"按钮 ╱，利用直线命令绘制完整图形，结果如图 4-12 所示。

图 4-12 手动操作开关图形符号   图 4-13 初步图形

4.2 精确定位工具

精确定位工具是指能够帮助用户快速准确地定位某些特殊点（如端点、中点、圆心等）和特殊位置（如水平位置、垂直位置）的工具。

精确定位工具主要集中在状态栏中。图 4-14 所示为状态栏中的部分按钮。

图 4-14　状态栏中的部分按钮

4.2.1　捕捉工具

为了准确地在绘图区中捕捉点，AutoCAD 提供了捕捉工具，可以在绘图区中生成一个隐含的栅格（捕捉栅格）。这个栅格能够捕捉光标，约束它只能落在栅格的某一个节点上，使用户能够准确地捕捉和选择这个栅格上的点。

【执行方式】

命令行：dsettings

菜单：工具→绘图设置

状态栏：捕捉模式⠿（仅限于打开与关闭）

快捷键：F9（仅限于打开与关闭）

【操作格式】

按上述操作打开"草图设置"对话框，选择其中的"捕捉和栅格"选项卡，如图 4-15 所示。

图 4-15　"草图设置"对话框

【选项说明】

（1）"启用捕捉"复选框　控制捕捉功能的开关。与 F9 快捷键或状态栏上的"捕捉模式"功能相同。

（2）"捕捉间距"选项组　设置捕捉参数。其中，"捕捉 X 轴间距"与"捕捉 Y 轴间距"文本框用于确定捕捉栅格点在水平和垂直两个方向上的间距。

（3）"极轴间距"选项组　该选项组只有在选择"PolarSnap"捕捉类型时才可用。可在"极轴距离"文本框中输入距离值，也可以在命令行中输入 SNAP 命令，设置捕捉的有关参数。

（4）"捕捉类型"选项组　确定捕捉类型和样式。AutoCAD 提供了两种捕捉栅格的方式：栅格捕捉和 PolarSnap（极轴捕捉）。

1）栅格捕捉：是指按正交位置捕捉位置点。栅格捕捉又分为"矩形捕捉"和"等轴测捕捉"两种方式。在"矩形捕捉"方式下捕捉，栅格以标准的矩形显示。在"等轴测捕捉"方式下捕捉，栅格和光标十字线不再互相垂直，而是呈绘制等轴测图时的特定角度。在绘制等轴测图时使用这种方式十分方便。

2）PolarSnap：可以根据设置的任意极轴角捕捉位置点。

4.2.2　栅格工具

用户可以应用显示栅格工具使绘图区中出现可见的网格，它是一个形象的绘图工具，就像传统的坐标纸一样。

【执行方式】

菜单：工具→绘图设置

状态栏：栅格 ⊞（仅限于打开与关闭）

快捷键：F7（仅限于打开与关闭）

【操作格式】

按上述操作打开"草图设置"对话框，选择"捕捉和栅格"选项卡。其中，"启用栅格"复选框用于控制是否显示栅格，"栅格 X 轴间距"和"栅格 Y 轴间距"文本框用来设置栅格在水平与垂直方向的间距。如果"栅格 X 轴间距"和"栅格 Y 轴间距"设置为 0，则 AutoCAD 会自动将捕捉栅格间距应用于栅格，而且其原点和角度总是与捕捉栅格的原点和角度相同。还可以通过 Grid 命令设置栅格间距。

4.2.3　正交模式

在利用 AutoCAD 绘图的过程中，经常需要绘制水平直线和垂直直线，为此 AutoCAD 提供了"正交"功能。启用"正交"模式后，画线或移动对象时只能沿水平方向或垂直方向移动光标，因此只能绘制出平行于坐标轴的正交线段。

【执行方式】

命令行：ORTHO
状态栏：正交模式⌐
快捷键：F8

【操作格式】

命令：ORTHO ✓
输入模式 [开 (ON) / 关 (OFF)] < 开 >:(设置开或关)

4.3 对象捕捉工具

在利用 AutoCAD 绘图时，经常要用到一些特殊的点，如圆心、切点、线段或圆弧的端点、中点等。这些点如果用鼠标准确拾取则十分困难，为此 AutoCAD 提供了对象捕捉工具，通过这些工具可轻易找到这些点。

4.3.1 特殊位置点捕捉

在绘制 AutoCAD 图形时，有时需要指定一些特殊位置的点，如圆心、端点、中点和平行线上的点等。这些点可以通过表 4-4 所列的对象捕捉功能来捕捉。

表 4-4 特殊位置点捕捉

捕捉模式	命令	功　能
临时追踪点	TT	建立临时追踪点
两点之间的中点	M2P	捕捉两个独立点之间的中点
捕捉自	FROM	建立一个临时参考点，作为指出后继点的基点
点过滤器	X（Y、Z）	由坐标选择点
端点	ENDP	线段或圆弧的端点
中点	MID	线段或圆弧的中点
交点	INT	线、圆弧或圆等的交点
外观交点	APPINT	图形对象在视图平面上的交点
延长线	EXT	指定对象的延伸线
圆心	CEN	圆或圆弧的圆心
象限点	QUA	距光标最近的圆或圆弧上可见部分的象限点，即圆周上 0°、90°、180°、270° 位置上的点
切点	TAN	最后生成的一个点到选择的圆或圆弧上引切线的切点位置
垂足	PER	在线段、圆、圆弧或它们的延长线上捕捉一个点，使之与最后生成的点的连线与该线段、圆或圆弧正交
平行线	PAR	绘制与指定对象平行的图形对象
节点	NOD	捕捉用 Point 或 DIVIDE 等命令生成的点
插入点	INS	文本对象和图块的插入点
最近点	NEA	距捕捉点最近的线段、圆、圆弧等对象上的点
无	NON	关闭对象捕捉模式
对象捕捉设置	OSNAP	设置对象捕捉

AutoCAD 提供了命令行、工具栏和快捷菜单 3 种执行特殊点对象捕捉的方法。

- 命令行方式。在绘图过程中，当在命令行中提示输入一点时，输入相应特殊位置点命令（见表 4-4），然后根据提示操作即可。
- 工具栏方式。使用图 4-16 所示的"对象捕捉"工具栏可以更方便地实现捕捉点的目的。当命令行提示输入一点时，在"对象捕捉"工具栏上单击相应的按钮即可。当把鼠标放在某一图标上时，会显示出该图标功能的提示。
- 快捷菜单方式。快捷菜单可通过同时按 Shift 键和鼠标右键来激活。"对象捕捉"快捷菜单中列出了 AutoCAD 提供的对象捕捉模式，如图 4-17 所示。操作方法与工具栏方式相似，只要在 AutoCAD 提示输入点时单击快捷菜单上相应的命令，然后按提示操作即可。

图 4-16 "对象捕捉"工具栏   图 4-17 "对象捕捉"快捷菜单

4.3.2 实例——绘制电阻图形符号

本例绘制的电阻图形符号如图 4-18 所示。

01 单击"默认"选项卡"绘图"面板中的"矩形"按钮，绘制一个矩形，如图 4-19 所示。

02 单击"默认"选项卡"绘图"面板中的"直线"按钮，绘制导线。命令行提示与操作如下：

```
命令 : _line
指定第一个点 : MID ( 捕捉中点 )
于 : ( 用鼠标选择矩形左边 , 系统自动捕捉左边中点 )
指定下一点或 [ 放弃 (U)]:  < 正交 开 > ( 单击状态栏上的正交模式 按钮 , 向左指定适当一点 )
指定下一点或 [ 放弃 (U)]: ↙ ( 绘制左边导线 , 如图 4-20 所示 )
```

图 4-18　电阻图形符号　　　图 4-19　绘制矩形　　　图 4-20　绘制左边导线

命令：_line
指定第一个点：MID（捕捉中点）
于：（用鼠标选择矩形右边，系统自动捕捉右边中点）
指定下一点或 [放弃 (U)]：（向右指定适当一点）
指定下一点或 [放弃 (U)]：✓

结果如图 4-18 所示。

4.3.3　设置对象捕捉

在利用 AutoCAD 绘图之前，可以根据需要事先设置运行一些对象捕捉模式，这样在绘图时 AutoCAD 就能自动捕捉特殊点，从而加快绘图速度，提高绘图质量。

【执行方式】

命令行：DDOSNAP
菜单：工具→绘图设置
工具栏：对象捕捉→对象捕捉设置
状态栏：对象捕捉（功能仅限于打开与关闭）
快捷键：F3（功能仅限于打开与关闭）
选项卡：对象捕捉设置（见图 4-21）

图 4-21　"草图设置"对话框"对象捕捉"选项卡

【操作格式】

命令：DDOSNAP ✓

系统打开"草图设置"对话框，在该对话框中选择"对象捕捉"选项卡，如图 4-21 所示。利用此选项卡可以对对象捕捉方式进行设置。

【选项说明】

（1）"启用对象捕捉"复选框　用于打开或关闭对象捕捉方式。当勾选此复选框时，在"对象捕捉模式"选项组中选择的捕捉模式处于激活状态。

（2）"启用对象捕捉追踪"复选框　用于打开或关闭自动追踪功能。

（3）"对象捕捉模式"选项组　列出了各种捕捉模式，选择的模式被激活。单击"全部清除"按钮，则所有模式均被清除；单击"全部选择"按钮，则所有模式均被选择。

另外，在对话框的左下方有一个"选项"按钮。单击该按钮，可打开"选项"对话框中的"绘图"选项卡，在该选项卡中可设置捕捉模式的各项。

4.3.4　实例——绘制带保护极的（电源）插座图形符号

本例绘制的带保护极的（电源）插座图形符号如图 4-22 所示。

01 单击"默认"选项卡"绘图"面板中的"圆弧"按钮 ⌒，绘制一段圆弧，如图 4-23 所示。

02 利用对象捕捉功能捕捉圆弧的最高点，单击"默认"选项卡"绘图"面板中的"直线"按钮 ╱，绘制其余图形，结果如图 4-22 所示。

图 4-22　带保护极的（电源）插座图形符号

图 4-23　绘制圆弧

4.4　对象约束

约束能够用于精确地控制草图中的对象。草图约束有两种类型，即几何约束和尺寸约束。

几何约束用于建立草图对象的几何特性（如要求某一直线具有固定长度）或两个或更多草图对象的关系类型（如要求两条直线垂直或平行，或者几个弧具有相同的半径）。在绘图区，用户可以使用"参数化"选项卡内的"全部显示""全部隐藏"或"显示"来显示有关信息，并显示代表这些约束的直观标记（如图 4-24 所示的水平标记 ═ 和共线标记 ⤫）。

尺寸约束用于建立草图对象的大小（如直线的长度、圆弧的半径等）或两个对象之间的关系（如两点之间的距离）。图 4-25 所示为带尺寸约束的图形。

图 4-24　几何约束　　　　　　　　　　　　　图 4-25　尺寸约束

📖 4.4.1　几何约束

使用几何约束，可以指定草图对象必须遵守的条件或草图对象之间必须维持的关系。"几何约束"选项及工具栏（在"参数化"选项卡的"几何"面板中）如图 4-26 所示。其主要几何约束选项的功能见表 4-5。

图 4-26　"几何约束"选项及工具栏

表 4-5　主要几何约束选项的功能

约束选项	功　　　能
重合	约束两个点使其重合，或者约束一个点使其位于曲线（或曲线的延长线）上。可以使对象上的约束点与某个对象重合，也可以使其与另一对象上的约束点重合
共线	使两条或多条直线段沿同一直线方向
同心	将两个圆弧、圆或椭圆约束到同一个中心点。结果与将重合约束应用于曲线的中心点所产生的结果相同
固定	将点和曲线锁定在位
平行	使选定的直线位于彼此平行的位置。平行约束在两个对象之间应用
垂直	使选定的直线位于彼此垂直的位置。垂直约束在两个对象之间应用
水平	使直线或点对位于与当前坐标系的 X 轴平行的位置。默认选择类型为对象
竖直	使直线或点对位于与当前坐标系的 Y 轴平行的位置
相切	将两条曲线约束为保持彼此相切或其延长线保持彼此相切。相切约束在两个对象之间应用
平滑	将样条曲线约束为连续，并且与其他样条曲线、直线、圆弧或多段线保持曲率连续性
对称	使选定对象受对称约束，相对于选定直线对称
相等	将选定圆弧和圆的尺寸重新调整为半径相同，或者将选定直线的尺寸重新调整为长度相同

在绘图时可指定二维对象或对象上点与点之间的几何约束，编辑受约束的几何图形时将保留约束。因此，通过使用几何约束可以在图形中包括设计要求。

在利用 AutoCAD 绘图时，可以控制约束栏的显示。使用"约束设置"对话框可控制约束栏上显示或隐藏的几何约束类型，可单独或全局显示 / 隐藏几何约束和约束栏，可执行以下操作：

1）显示（或隐藏）所有的几何约束。

2）显示（或隐藏）指定类型的几何约束。

3）显示（或隐藏）所有与选定对象相关的几何约束。

【执行方式】

命令行：CONSTRAINTSETTINGS（缩写名：CSETTINGS）

菜单：参数→约束设置

功能区：单击"参数化"选项卡"几何"面板中的"对话框启动器"按钮 ⬎

工具栏：参数化→约束设置[⟋]

【操作格式】

命令：CONSTRAINTSETTINGS ⟋

系统打开"约束设置"对话框，在该对话框中选择"几何"选项卡，如图 4-27 所示。利用此选项卡可以控制约束栏上约束类型的显示。

图 4-27 "约束设置"对话框"几何"选项卡

【选项说明】

（1）"约束栏显示设置"选项组 此选项组用于控制图形在编辑器中是否为对象显示约束栏或约束点标记。例如，可以为水平约束和竖直约束隐藏约束栏的显示。

1）"全部选择"按钮：用于选择全部几何约束类型。

2）"全部清除"按钮：用于清除选定的几何约束类型。

3）"仅为处于当前平面中的对象显示约束栏"复选框：勾选此复选框，仅为当前平面上受几何约束的对象显示约束栏。

（2）"约束栏透明度"选项组 设置图形中约束栏的透明度。

（3）"将约束应用于选定对象后显示约束栏"复选框 手动应用约束后或使用AUTOCON-STRAIN命令时显示相关约束栏。

📖 4.4.2 实例——绘制相切及同心的两圆

本例绘制的相切及同心的两圆如图4-28所示。

01 单击"默认"选项卡"绘图"面板中的"圆"按钮⊘，以适当半径绘制4个圆，结果如图4-29所示。

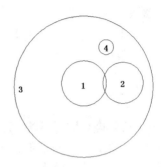

图4-28 相切及同心的两圆　　　　　　图4-29 绘制圆

02 在任意工具栏右击，打开如图4-30所示的"几何约束"工具栏。

03 利用"相切"命令使两圆相切。命令行提示与操作如下：

命令：_GcTangent
选择第一个对象：(使用鼠标选择圆1)
选择第二个对象：(使用鼠标选择圆2)

04 系统自动将圆2向右移动与圆1相切，结果如图4-31所示。

05 单击"参数化"选项卡"几何"面板中的"同心"按钮◎，或者选择菜单栏中的"参数"→"几何约束"→"同心"选项，使其中两圆同心。命令行提示与操作如下：

命令：_GcConcentric
选择第一个对象：(选择圆1)
选择第二个对象：(选择圆3)

系统自动建立同心的几何关系，结果如图4-32所示。

图4-30 "几何约束"工具栏　　图4-31 建立相切几何关系　　图4-32 建立同心几何关系

06 用同样方法，使圆3与圆2建立相切几何约束，结果如图4-33所示。

07 用同样方法，使圆1与圆4建立相切几何约束，结果如图4-34所示。

08 用同样方法，使圆4与圆2建立相切几何约束，结果如图4-35所示。

09 用同样方法，使圆3与圆4建立相切几何约束，结果如图4-28所示。

图4-33 建立圆3与圆2
相切几何关系

图4-34 建立圆1与圆4
相切几何关系

图4-35 建立圆2与圆4
相切几何关系

4.4.3 尺寸约束

建立尺寸约束可以限制图形几何对象的大小。其与在草图上标注尺寸相似，同样设置尺寸标注线，与此同时建立相应的表达式，不同的是可以在后续的编辑工作中实现尺寸的参数化驱动。"标注"面板及"标注约束"工具栏（在"参数化"选项卡中）如图4-36所示。

图4-36 "标注"面板及"标注约束"工具栏

在生成尺寸约束时，用户可以选择草图曲线、边、基准平面或基准轴上的点，以生成水平、竖直、平行、垂直和角度尺寸。

在生成尺寸约束时，系统会生成一个表达式，其名称和值显示在弹出的"尺寸约束编辑"文本框中，如图4-37所示。用户可以在该文本框中编辑该表达式的名称和值。

图4-37 "尺寸约束编辑"文本框

在生成尺寸约束时，只要选择了几何体，其尺寸及其延伸线和箭头就会全部显示出来。将尺寸拖动到位后，单击即可完成尺寸约束的添加。完成尺寸约束后还可以随时更改尺寸约束，只需在绘图区选择该值并双击，即可使用与生成过程所采用的同一方式编辑其名称、值或位置。

在利用 AutoCAD 绘图时，利用"约束设置"对话框中的"标注"选项卡，可控制显示标注约束时的系统配置、标注约束控制设计的大小和比例。尺寸约束可以约束以下内容：

- 对象之间或对象上点与点之间的距离。
- 对象之间或对象上点与点之间的角度。

【执行方式】

命令行：CONSTRAINTSETTINGS（缩写名：CSETTINGS）

菜单：参数→约束设置

工具栏：参数化→约束设置 ⟨⟩

功能区：单击"参数化"选项卡"标注"面板中的"对话框启动器"按钮 ◥

【操作格式】

命令：CONSTRAINTSETTINGS ✓

系统打开"约束设置"对话框。在该对话框中选择"标注"选项卡，如图 4-38 所示。利用此选项卡可以控制约束栏上约束类型的显示。

【选项说明】

（1）"标注约束格式"选项组　在该选项组中可以设置标注名称格式和锁定图标的显示。

- "标注名称格式"下拉列表框：为应用标注约束时显示的文字指定格式。将名称格式设置为显示名称、值或名称和表达式。例如，宽度＝长度 /2。

- "为注释性约束显示锁定图标"复选框：控制是否针对已应用注释性约束的对象显示锁定图标。

图 4-38　"约束设置"对话框"标注"选项卡

（2）"为选定对象显示隐藏的动态约束"复选框　勾选该复选框，可显示选定时已设置为隐藏的动态约束。

4.4.4　实例——利用尺寸驱动更改电阻尺寸

本例绘制的更改尺寸后的电阻如图 4-39 所示。

图 4-39　更改尺寸后的电阻

01 单击"默认"选项卡"绘图"面板中的"直线"按钮 ╱ 和"矩形"按钮 ▭ ，绘制电阻，结果如图 4-40 所示。

02 单击"参数化"选项卡"几何"面板中的"相等"按钮 ＝ ，使最上端水平线与下面各条水平线建立相等的几何约束，结果如图 4-41 所示。

图 4-40　绘制电阻　　　　　　　　图 4-41　建立相等的几何约束

03 单击"参数化"选项卡"几何"面板中的"重合"按钮 ▯ ，使线 1 右端点与线 2 中点、线 4 左端点与线 3 中点建立重合的几何约束，结果如图 4-42 所示。

04 单击"参数化"选项卡"标注"面板中的"水平"按钮 🔒 ，或选择菜单栏中的"参数"→"标注约束"→"水平"选项，更改水平尺寸。命令行提示与操作如下：

图 4-42　建立重合的几何约束

命令：_DimConstraint
当前设置：　约束形式 = 动态
选择要转换的关联标注或 [线性 (LI) / 水平 (H) / 竖直 (V) / 对齐 (A) / 角度 (AN) / 半径 (R) / 直径 (D) / 形式 (F)] < 水平 >: _Horizontal
指定第一个约束点或 [对象 (O)] < 对象 >: (单击最上端直线左端)
指定第二个约束点 : (单击最上端直线右端)
指定尺寸线位置 (在适当位置单击)
标注文字 = 10 (输入长度 20)

05 系统自动将长度 10 调整为 20，结果如图 4-39 所示。

4.5　缩放与平移

改变视图最常用的方法就是利用缩放和平移命令，在绘图区放大或缩小图像，或者改变观察位置。

📖 4.5.1　实时缩放

利用实时缩放命令，用户可以通过垂直向上或向下移动光标来放大或缩小图形。

【执行方式】

命令行：Zoom
菜单：视图→缩放→实时
导航栏：实时缩放 ±🔍 （见图 4-43）
功能区：单击"视图"选项卡"导航"面板上的"范围"下拉菜单中的"实时"按钮 ±🔍
（见图 4-44）

图 4-43　导航栏　　　　　　　　　　　　　图 4-44　"范围"下拉菜单

【操作格式】

　　按住鼠标左键垂直向上或向下移动，从图形的中点向顶端垂直地移动光标可以放大图形 1 倍，向底部垂直地移动光标可以缩小图形 1/2。

　　另外，"范围"下拉菜单中还有放大、缩小、动态、窗口、缩放、圆心、全部、对象、上一个和范围几个命令，它们的操作方法与"实时"命令类似，这里不再赘述。

📖 4.5.2　实时平移

　　利用实时平移命令，可通过单击和移动光标重新放置图形。

【执行方式】

　　命令：PAN

　　菜单：视图→平移→实时

　　工具栏：标准→实时平移🖐

　　功能区：单击"视图"选项卡"导航"面板中的"平移"按钮🖐（见图 4-45）

图 4-45　"导航"面板

执行上述操作后，按住鼠标左键，然后移动手形光标即可平移图形。当移动到图形的边缘时，光标显示为一个三角形。

另外，在 AutoCAD 2024 中为显示命令设置了一个右键快捷菜单，如图 4-46 所示。用户可以在显示命令执行的过程中透明地执行该菜单中的命令。

图 4-46　快捷菜单

4.6　综合实例——绘制机械谐振继电器线圈

本例绘制的机械谐振继电器线圈如图 4-47 所示。

01 单击"默认"选项卡"图层"面板中的"图层特性"按钮，打开"图层特性管理器"选项板。

02 单击"新建"按钮，创建一个新图层，把该图层的名称由默认的"图层 1"改为"实线"，如图 4-48 所示。

03 单击"实线"图层对应的"线宽"选项，打开"线宽"对话框，如图 4-49 所示。选择 0.09mm 线宽，单击"确定"按钮退出对话框。

图 4-47　机械谐振继电器线圈

图 4-48　更改图层名

图 4-49　"线宽"对话框

04 单击"新建"按钮，创建一个新图层，把该图层的名称命名为"虚线"。

05 单击"虚线"图层对应的"颜色"选项，打开如图 4-50 所示的"选择颜色"对话框，设置蓝色为该图层颜色，单击"确定"按钮，返回"图层特性管理器"选项板。

06 单击"虚线"图层对应的"线型"选项，打开"选择线型"对话框，如图 4-51 所示。

07 在"选择线型"对话框中单击"加载"按钮，系统打开"加载或重载线型"对话框，如图 4-52 所示。选择"ACAD_ISO02W100"线型，单击"确定"按钮退出对话框。在"选择线型"对话框中选择"ACAD_ISO02W100"为该图层线型，单击"确定"按钮，返回"图层特性管理器"选项板。

图 4-50 "选择颜色"对话框

图 4-51 "选择线型"对话框

图 4-52 "加载或重载线型"对话框

08 采用同样方法，将"虚线"图层的"线宽"设置为 0.09mm。

09 选择"实线"图层，单击"置为当前"按钮 ，将其设置为当前图层，如图 4-53 所示。然后关闭"图层特性管理器"选项板。

图 4-53 设置线宽

10 单击"默认"选项卡"绘图"面板中的"矩形"按钮□，绘制一个矩形，如图 4-54 所示。

11 右击状态栏中的"对象捕捉"按钮，打开快捷菜单，如图 4-55 所示。选择"对象捕捉设置"命令，打开"草图设置"对话框中的"对象捕捉"选项卡，选择"启用对象捕捉追踪"复选框，单击"全部选择"按钮，将所有特殊位置点设置为可捕捉状态，如图 4-56 所示。

图 4-54 绘制矩形

图 4-55 快捷菜单

图 4-56 设置"对象捕捉"选项卡

12 单击状态栏中的"正交模式"按钮。单击"默认"选项卡"绘图"面板中的"直线"按钮，捕捉矩形的中点（见图 4-57），绘制两条竖直直线，结果如图 4-58 所示。

13 将"虚线"图层设置为当前图层。单击"默认"选项卡"绘图"面板中的"直线"按钮，捕捉矩形右侧短边中点，绘制一条水平虚线，结果如图 4-59 所示。

图 4-57 捕捉矩形中点　　　图 4-58 绘制竖直直线　　　图 4-59 绘制水平虚线

14 将"实线"图层设置为当前图层。单击"默认"选项卡"绘图"面板中的"样条曲线拟合"按钮，绘制一条样条曲线。绘制完成的机械谐振继电器线圈如图 4-47 所示。

注意

有时绘制的虚线在计算机屏幕上显示的是实线，这是由于显示比例过小所致，此时放大图形后可以显示出虚线。如果要在不改变当前图形大小的情况下明确显示出虚线，可以单击选择该虚线（这时该虚线显示为被选中状态），然后双击，打开"特性"选项板（见图4-60），将其中的"线型比例"参数设置成较大的数值，即可在当前图形中清晰地显示出虚线的细线段和间隔。

"特性"选项板中包含了对象的各种参数，可以灵活使用，非常方便。

图4-60 "特性"选项板

4.7 上机实验

实验1 利用图层命令和精确定位工具绘制如图4-61所示的简单电路布局

 操作提示

1）设置两个新图层。
2）利用精确定位工具绘制各图线。

实验2 利用精确定位工具绘制如图4-62所示的动合触点

 操作提示

灵活利用精确定位工具。

图 4-61　简单电路布局

图 4-62　动合触点

4.8　思考与练习

1. 选择题

1）捕捉的方法有：

A. 命令行方式　　　　　B. 菜单栏方式　　　　C. 快捷键方式　　　　D. 状态栏方式

2）正交模式设置的方法有：

A. 命令行：ORTHO　　　　　　　　　　　B. 菜单：工具→辅助绘图工具

C. 状态栏："正交模式"按钮　　　　　　　D. 快捷键：F8

2. 操作题

1）绘制如图 4-63 所示的隔离开关图形符号。

2）绘制如图 4-64 所示的电磁阀图形符号。

图 4-63　隔离开关图形符号

图 4-64　电磁阀图形符号

第 5 章

编辑命令

二维图形编辑命令结合绘图命令可以完成复杂图形对象的绘制工作，并可使用户合理安排和组织图形，保证作图准确，减少重复，因此熟练掌握和使用编辑命令有助于提高设计和绘图的效率。本章主要介绍了删除及恢复类命令、复制类命令、改变位置类命令、改变几何特性类命令和对象编辑等。

学 习 要 点

5.1 选择对象

AutoCAD 2024 提供了两种途径编辑图形：

1）先执行"编辑"命令，然后选择要编辑的对象。

2）先选择要编辑的对象，然后执行"编辑"命令。

这两种途径的执行效果是相同的，但选择对象是进行编辑的前提。AutoCAD 2024 提供了多种对象选择方法，如点取、用选择窗口选择对象、用选择线选择对象、用选择框选择对象等。AutoCAD 2024 可以把选择的多个对象组成整体，如选择集和对象组，进行整体编辑与修改。

选择集可以仅由一个图形对象构成，也可以是一个复杂的对象组，如位于某一特定图层上具有某种特定颜色的一组对象。选择集的构造可以在调用编辑命令之前或之后。

AutoCAD 2024 提供了以下几种方法构造选择集：

1）先选择一个"编辑"命令，然后选择对象，按 Enter 键结束操作。

2）使用 SELECT 命令。在命令行中输入"SELECT"，选择选项后出现选择对象提示，按 Enter 键结束。

3）用点取设备选择对象，然后调用"编辑"命令。

4）定义对象组。

无论使用哪种方法，AutoCAD 2024 都会提示用户选择对象，并且光标的形状由十字变为拾取框。

下面结合 SELECT 命令说明选择对象的方法。

SELECT 命令可以单独使用，也可以在执行其他"编辑"命令时被自动调用，此时屏幕提示：

选择对象：

系统等待用户以某种方式选择对象作为应答。AutoCAD 2024 提供了多种选择对象的方式，可以输入"？"查看这些选择方式。选择该选项后，出现如下提示：

需要点或窗口 (W) / 上一个 (L) / 窗交 (C) / 框 (BOX) / 全部 (ALL) / 栏选 (F) / 圈围 (WP) / 圈交 (CP) / 编组 (G) / 添加 (A) / 删除 (R) / 多个 (M) / 前一个 (P) / 放弃 (U) / 自动 (AU) / 单个 (SI) / 子对象 (SU) / 对象 (O)

选择对象：

其中部分选项含义如下：

（1）窗口（W） 用由两个对角顶点确定的矩形窗口选择位于其范围内部的所有图形，与边界相交的对象不会被选择，如图 5-1 所示。指定对角顶点时应该按照从左向右的顺序。

（2）窗交（C） 该方式与上述"窗口"方式类似，区别在于它不但选择矩形窗口内部的对象，也选择与矩形窗口边界相交的对象，如图 5-2 所示。

（3）框（BOX） 选择该选项时，系统根据用户在绘图区给出的两个对角点的位置而自动引用"窗口"或"窗交"选择方式。若从左向右指定对角点，则为"窗口"方式，反之为"窗交"方式。

（4）栏选（F） 用户临时绘制一些直线，这些直线不必构成封闭图形，凡是与这些直线相交的对象均被选择，如图 5-3 所示。

（5）圈围（WP） 使用一个不规则的多边形来选择对象。用户根据提示顺次输入构成多边形所有顶点的坐标，直到按 Enter 键做出空回答结束操作，系统将自动连接第一个顶点与最后一个顶点，形成封闭的多边形。凡是被多边形围住的对象均被选择（不包括边界），如图 5-4 所示。

a）阴影覆盖区域为选择范围　　b）选择后的图形　　　　　　a）阴影覆盖区域为选择范围　　b）选择后的图形

图 5-1　"窗口"对象选择方式　　　　　　　　　　图 5-2　"窗交"对象选择方式

a）虚线为选择栏　　　　b）选择后的图形　　　　　a）多边形为选择框　　　　b）选择后的图形

图 5-3　"栏选"对象选择方式　　　　　　　　　图 5-4　"圈围"对象选择方式

（6）添加（A）　添加下一个对象到选择集。也可用于从移走模式（Remove）到选择模式的切换。

5.2　删除及恢复类命令

这类编辑命令主要用于删除图形的某部分，或者对已被删除的部分进行恢复，包括删除、恢复和清除等命令。

📖 5.2.1　删除命令

如果绘制的图形不符合要求或者不小心绘错了图形，可以使用删除命令 ERASE 把它删除。

【执行方式】

命令行：ERASE

菜单：修改→删除

快捷菜单：选择要删除的对象，在绘图区右击，在打开的快捷菜单上选择"删除"

工具栏：修改→删除

功能区：单击"默认"选项卡"修改"面板中的"删除"按钮

 【操作格式】

可以先选择对象后调用删除命令，也可以先调用删除命令然后再选择对象。选择对象时可以使用前面介绍的各种对象选择方法。

当选择多个对象时，多个对象都被删除；若选择的对象属于某个对象组，则该对象组的所有对象都被删除。

> 注意
>
> 在绘图过程中，如果需要删除图形，可以利用快速访问工具栏中的命令 ↶ ，也可以用 Delete 键。在命令行提示"_erase："时，单击选中要删除的图形，右击即可。删除命令可以一次删除一个或多个图形，如果删除错误，可以利用 ↻ 按钮来恢复。

5.2.2 恢复命令

若不小心误删了图形，可以使用恢复命令 OOPS 恢复误删除的对象。

 【执行方式】

命令行：OOPS 或 U

工具栏：标准工具栏→放弃 ⇐ 或快速访问工具栏→放弃 ⇐

快捷键：Ctrl+Z

 【操作格式】

在命令行输入 OOPS，按 Enter 键。

5.2.3 清除命令

此命令与删除命令功能完全相同。

 【执行方式】

菜单：编辑→删除

快捷键：Delete

 【操作格式】

用菜单或快捷键输入上述命令后，系统提示如下：

选择对象：(选择要清除的对象,按 Enter 键执行清除命令)

5.3 复制类命令

本节将详细介绍 AutoCAD 2024 的复制类命令。利用这些编辑功能，可以方便地编辑绘制的图形。

5.3.1 复制命令

【执行方式】

命令行：COPY

菜单：修改→复制

工具栏：修改→复制 🔂

快捷菜单：选择要复制的对象，在绘图区右击，在打开的快捷菜单上选择"复制选择"

功能区：单击"默认"选项卡"修改"面板中的"复制"按钮 🔂

【操作格式】

命令：COPY ↙

选择对象：(选择要复制的对象)

用前面介绍的对象选择方法选择一个或多个对象，按 Enter 键结束选择操作。系统继续提示：

当前设置：　复制模式 = 多个

指定基点或 [位移 (D) / 模式 (O)] < 位移 >：(指定基点或位移)

指定第二个点或 [阵列 (A)] < 使用第一个点作为位移 >：

指定第二个点或 [阵列 (A) / 退出 (E) / 放弃 (U)] < 退出 >：

【选项说明】

（1）指定基点　指定一个坐标点后，AutoCAD 把该点作为复制对象的基点并提示：

指定第二个点或 [阵列 (A)] < 使用第一个点作为位移 >：

指定第二个点后，系统将根据这两点确定的位移矢量把选择的对象复制到第二点处。如果此时直接按 Enter 键，即选择默认的"用第一点作为位移"，则第一个点被当作相对于 x、y、z 的位移。例如，如果指定基点为（2,3）并在下一个提示下按 Enter 键，则该对象从它当前的位置开始在 x 方向上移动 2，在 y 方向上移动 3。复制完成后系统会继续提示：

指定第二个点或 [阵列 (A) / 退出 (E) / 放弃 (U)] < 退出 >：

这时，可以不断指定新的第二点，从而实现多重复制。

（2）位移（D）　直接输入位移值，表示以选择对象时的拾取点为基准，以拾取点坐标为移动方向，以纵横比移动指定量后确定的点为基点。例如，选择对象时拾取点坐标为（2,3），输入位移为 5，则表示以点（2,3）为基准，沿纵横比为 3：2 的方向移动 5 个单位所确定的点为基点。

（3）模式（O）　用于控制是否自动重复该命令。该设置由 COPYMODE 系统变量控制。

5.3.2 实例——绘制带磁心的电感器图形符号

本例绘制的带磁心的电感器图形符号如图 5-5 所示。

01 单击"默认"选项卡"绘图"面板中的"圆弧"按钮，绘制半径为 10 的半圆弧。命令行提示与操作如下：

图 5-5 带磁心的电感器图形符号

命令：_arc
指定圆弧的起点或 [圆心 (C)]: (选择一点)
指定圆弧的第二个点或 [圆心 (C)/ 端点 (E)]: _E
指定圆弧的端点 : @-20, 0
指定圆弧的圆心或 [角度 (A)/ 方向 (D)/ 半径 (R)]: _R
指定圆弧的半径 : 10

02 单击"默认"选项卡"绘图"面板中的"复制"按钮，复制 3 个相切的半圆弧。命令行提示与操作如下：

命令：_copy （复制圆弧）
选择对象 : (选择圆弧)
选择对象 :
当前设置：　复制模式 = 多个
指定第二个点或 [阵列 (A)] < 使用第一个点作为位移 >:
指定第二个点或 < 使用第一个点作为位移 >: (选择圆弧的一个端点作为基点，另一端点作为复制放置点)
指定第二个点或 [阵列 (A)/ 退出 (E)/ 放弃 (U)] < 退出 >: (复制第二段圆弧)
指定第二个点或 [阵列 (A)/ 退出 (E)/ 放弃 (U)] < 退出 >: (复制第三段圆弧)
指定第二个点或 [阵列 (A)/ 退出 (E)/ 放弃 (U)] < 退出 >: (复制第四段圆弧)

结果如图 5-6 所示。

03 单击状态栏中的"正交模式"按钮，单击"默认"选项卡"绘图"面板中的"直线"按钮，绘制竖直向下的电感两端引线，结果如图 5-7 所示。

图 5-6 复制相切的半圆弧

图 5-7 绘制电感两端引线

04 利用"相切"命令使直线与圆弧相切。命令行提示与操作如下：

命令：_GeomConstraint
输入约束类型 [水平 (H)/ 竖直 (V)/ 垂直 (P)/ 平行 (PA)/ 相切 (T)/ 平滑 (SM)/ 重合 (C)/ 同心 (CON)/ 共线 (COL)/ 对称 (S)/ 相等 (E)/ 固定 (F)]< 相切 >: _T
选择第一个对象 : (使用鼠标选择最左端圆弧)
选择第二个对象 : (使用鼠标选择最左端竖直直线)

05 系统自动使竖直直线与圆弧相切。采用同样的方法，使右端竖直直线与圆弧相切。

06 单击"默认"选项卡"修改"面板中的"修剪"按钮，将多余的部分剪切掉（"修剪"命令将在 5.5.1 节中介绍）。命令行提示与操作如下：

命令：_trim

当前设置：投影 =UCS，边 = 无

选择剪切边 ...

选择对象或 < 全部选择 >：

选择要修剪的对象，或按住 Shift 键选择要延伸的对象，或 [栏选 (F) / 窗交 (C) / 投影 (P) / 边 (E) / 删除 (R) / 放弃 (U)]：(选择左侧线)

选择要修剪的对象，或按住 Shift 键选择要延伸的对象，或 [栏选 (F) / 窗交 (C) / 投影 (P) / 边 (E) / 删除 (R) / 放弃 (U)]：(选择右侧线)

选择要修剪的对象，或按住 Shift 键选择要延伸的对象，或 [栏选 (F) / 窗交 (C) / 投影 (P) / 边 (E) / 删除 (R) / 放弃 (U)]：

07 单击"默认"选项卡"绘图"面板中的"直线"按钮，在电感上方绘制水平直线表示磁心，结果如图 5-5 所示。

5.3.3 镜像命令

镜像对象是指把选择的对象围绕一条镜像线做对称复制。镜像操作完成后，可以保留原对象也可以将其删除。

命令行：MIRROR

菜单：修改→镜像

工具栏：修改→镜像

功能区：单击"默认"选项卡"修改"面板中的"镜像"按钮

命令：MIRROR ✓

选择对象：(选择要镜像的对象)

指定镜像线的第一点：(指定镜像线的第一个点)

指定镜像线的第二点：(指定镜像线的第二个点)

要删除源对象吗？ [是 (Y) / 否 (N)] < 否 >：(确定是否删除原对象)

指定的两点确定一条镜像线，被选择的对象以该线为对称轴进行镜像。包含该线的镜像平面与用户坐标系统的 xy 平面垂直，即镜像操作是在与用户坐标系的 xy 平面平行的平面上进行的。

5.3.4 实例——绘制 PNP 型晶体管图形符号

本例绘制的 PNP 型晶体管图形符号如图 5-8 所示。

01 单击"默认"选项卡"绘图"面板中的"直线"按钮，绘制隔层、基极和集电极，结果如图 5-9 所示。

02 单击"默认"选项卡"修改"面板中的"镜像"按钮 ，将斜线镜像到左侧，如图 5-10 所示。命令行提示与操作如下：

命令：_mirror 找到 1 个
指定镜像线的第一点：(选择竖直直线上端点)
指定镜像线的第二点：(选择竖直直线下端点)
要删除源对象吗？ [是 (Y) / 否 (N)] < 否 >:

图 5-8　PNP 型晶体管图形符号　　　图 5-9　绘制隔层、基极和集电极　　　图 5-10　镜像斜线

03 单击"默认"选项卡"绘图"面板中的"多段线"按钮 /，绘制箭头，结果如图 5-8 所示。

5.3.5　偏移命令

偏移对象是指保持选择对象的形状、在不同位置以不同的尺寸新建一个对象。

【执行方式】

命令行：OFFSET
菜单：修改→偏移
工具栏：修改→偏移 ⊆
功能区：单击"默认"选项卡"修改"面板中的"偏移"按钮 ⊆

【操作格式】

命令：OFFSET ✓
当前设置：删除源 = 否　图层 = 源　OFFSETGAPTYPE=0
指定偏移距离或 [通过 (T) / 删除 (E) / 图层 (L)] < 通过 >: (指定距离值)
选择要偏移的对象，或 [退出 (E) / 放弃 (U)] < 退出 >: (选择要偏移的对象。按 Enter 键结束操作)
指定要偏移的那一侧上的点，或 [退出 (E) / 多个 (M) / 放弃 (U)] < 退出 >: (指定偏移方向)
选择要偏移的对象，或 [退出 (E) / 放弃 (U)] < 退出 >:

【选项说明】

（1）指定偏移距离　输入一个距离值，或者按 Enter 键使用当前的距离值，系统把该距离值作为偏移距离，如图 5-11a 所示。
（2）通过（T）　指定偏移的通过点。选择该选项后，系统提示如下：

选择要偏移的对象或 [退出 (E) / 放弃 (U)] < 退出 >: (选择要偏移的对象。按 Enter 键结束操作)
指定通过点或 [退出 (E) / 多个 (M) / 放弃 (U)] < 退出 >: (指定偏移对象的一个通过点)

系统根据指定的通过点绘出偏移对象，如图 5-11b 所示。

图 5-11　偏移选项说明一

（3）删除（E）　偏移源对象后将其删除，如图 5-12a 所示。选择该选项后，系统提示如下：

要在偏移后删除源对象吗？　[是 (Y) / 否 (N)] < 当前 >: (输入 "y" 或 "n")

（4）图层（L）　确定将偏移对象创建在当前图层上还是源对象所在的图层上。该选项可以在不同图层上偏移对象。选择该选项后，系统提示如下：

输入偏移对象的图层选项 [当前 (C) / 源 (S)] < 当前 >: (输入选项)

　　如果偏移对象的图层为当前图层，则偏移对象的图层特性与当前图层相同，如图 5-12b 所示。

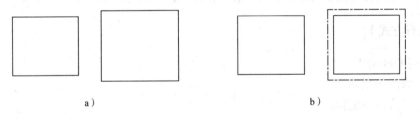

图 5-12　偏移选项说明二

（5）多个（M）　使用当前偏移距离重复进行偏移操作，并采用附加的通过点，如图 5-13 所示。

图 5-13　偏移选项说明三

注意

　　在 AutoCAD 2024 中，可以使用"偏移"命令对指定的直线、圆弧、圆等对象进行定距离偏移复制。在实际应用中，常利用"偏移"命令创建平行线或等距离分布的图形，效果同"阵列"。默认情况下，需要指定偏移距离，再选择要偏移复制的对象，然后指定偏移方向来复制对象。

📖 **5.3.6 实例——绘制手动三极开关图形符号**

本例绘制的手动三极开关图形符号如图 5-14 所示。

01 单击"默认"选项卡"绘图"面板中的"直线"按钮 ╱，结合"正交"和"对象追踪"功能，绘制 3 条直线，完成开关的一级的绘制，结果如图 5-15 所示。

02 单击"默认"选项卡"绘图"面板中的"偏移"按钮 ⊂，偏移竖直线。命令行提示与操作如下：

命令：_offset
当前设置：删除源 = 否　图层 = 源　OFFSETGAPTYPE=0
指定偏移距离或 [通过 (T) / 删除 (E) / 图层 (L)] < 通过 >：
指定第二点：　< 正交 开 >（向右在竖直方向选择适当的两点）
选择要偏移的对象，或 [退出 (E) / 放弃 (U)] < 退出 >：（选择一条竖直直线）
指定要偏移的那一侧上的点，或 [退出 (E) / 多个 (M) / 放弃 (U)] < 退出 >：（向右指定一点）
选择要偏移的对象，或 [退出 (E) / 放弃 (U)] < 退出 >：（选择另一条竖直直线）
指定要偏移的那一侧上的点，或 [退出 (E) / 多个 (M) / 放弃 (U)] < 退出 >：（向右指定一点）
选择要偏移的对象，或 [退出 (E) / 放弃 (U)] < 退出 >：

结果如图 5-16 所示。

图 5-14　手动三极开关图形符号　　　图 5-15　绘制开关的一级　　　图 5-16　偏移竖直直线

 注意

偏移是将选中的对象按指定的距离，沿对象的垂直方向或法向进行复制。在本例中，如果采用前面设置相同的距离的方法将斜线进行偏移，结果将如图 5-17 所示。这是初学者应该注意的地方。

03 单击"默认"选项卡"绘图"面板中的"偏移"按钮 ⊂，绘制第三极开关的竖线。具体操作方法与前面相同，只是系统提示有所不同。系统提示如下：

指定偏移距离或 [通过 (T) / 删除 (E) / 图层 (L)] <190.4771>：

直接按 Enter 键，采用上一次偏移指定的偏移距离为本次偏移的默认距离，结果如图 5-18 所示。

04 单击"默认"选项卡"绘图"面板中的"复制"按钮 ♋，复制斜线。捕捉基点和目标点分别为对应的竖线端点。命令行提示与操作如下：

命令：COPY
选择对象：找到 1 个
选择对象：（选择斜线）

当前设置：复制模式 = 多个
指定基点或 [位移 (D) / 模式 (O)] < 位移 >:
指定第二个点或 [阵列 (A)] < 使用第一个点作为位移 >:
指定第二个点或 [阵列 (A) / 退出 (E) / 放弃 (U)] < 退出 >:   * 取消 *

结果如图 5-19 所示。

图 5-17　偏移斜线　　　　图 5-18　完成竖直直线偏移　　　　图 5-19　复制斜线

05 单击"默认"选项卡"绘图"面板中的"直线"按钮／，结合"对象捕捉"功能绘制一条竖直直线和一条水平线，结果如图 5-20 所示。

06 单击"默认"选项卡"图层"面板中的"图层特性"图标，打开"图层特性管理器"选项板，如图 5-21 所示。双击 0 图层中的 Continuous 线型，打开"选择线型"对话框，如图 5-22 所示。单击"加载"按钮，打开如图 5-23 所示的"加载或重载线型"对话框。选择其中的"ACAD_ISO02W100"线型，单击"确定"按钮，回到"选择线型"对话框，单击"确定"按钮，回到"图层特性管理器"选项板，单击"确定"按钮退出。

图 5-20　绘制竖直直线和水平线　　　　图 5-21　"图层特性管理器"选项板

图 5-22　"选择线型"对话框　　　　图 5-23　"加载或重载线型"对话框

07 选择刚绘制的水平直线，右击，在弹出的快捷菜单中
选择"特性"选项，系统打开"特性"选项板。在"线型"下拉
列表中选择刚加载的"ACAD_ISO02W100"线型，在"线型比
例"文本框中输入 3，如图 5-24 所示，然后关闭"特性"选项板。
可以看到，水平线的线型已经改为虚线，如图 5-14 所示。

5.3.7 阵列命令

建立阵列是指多重复制选择的对象，并且把这些副本按矩形
或环形排列。把副本按矩形排列称为建立矩形阵列，把副本按环
形排列称为建立极阵列。当建立极阵列时，应该控制复制对象的
次数和对象是否被旋转；当建立矩形阵列时，应该控制行和列的
数量，以及对象副本之间的距离。

AutoCAD 2024 提供了 ARRAY 命令用于建立阵列，利用该命
令可以建立矩形阵列、极阵列（环形阵列）和旋转的矩形阵列。

图 5-24 "特性"选项板

【执行方式】

命令行：ARRAY

菜单：修改→阵列→矩形阵列、路径阵列、环形阵列

工具栏：修改→矩形阵列品、修改→路径阵列∘∘∘、修改→环
形阵列∘°∘

功能区：单击"默认"选项卡"修改"面板中的"矩形阵列"
按钮品、"路径阵列"按钮∘∘∘、"环形阵列"按钮∘°∘（见图 5-25）

图 5-25 "修改"面板

【操作格式】

命令：ARRAY ✓
选择对象：(选择要阵列的对象)
输入阵列类型 [矩形 (R) / 路径 (PA) / 极轴 (PO)]< 矩形 >：

【选项说明】

（1）矩形（R） 将选定对象的副本分布到行数、列数和层数的任意组合。选择该选项后，
系统提示如下：

选择夹点以编辑阵列或 [关联 (AS) / 基点 (B) / 计数 (COU) / 间距 (S) / 列数 (COL) / 行数 (R) / 层数 (L) /
退出 (X)] < 退出 >：(通过夹点调整阵列间距、列数、行数和层数，也可以分别选择各选项输入数值)

（2）路径（PA） 沿路径或部分路径均匀分布选定对象的副本。选择该选项后，系统提示
如下：

选择路径曲线：(选择一条曲线作为阵列路径)
选择夹点以编辑阵列或 [关联 (AS) / 方法 (M) / 基点 (B) / 切向 (T) / 项目 (I) / 行 (R) / 层 (L) / 对齐项
目 (A) /Z 方向 (Z) / 退出 (X)] < 退出 >：(通过夹点调整阵列行数和层数，也可以分别选择各选项输入数值)

（3）极轴（PO） 在绕中心点或旋转轴的环形阵列中均匀分布对象副本。选择该选项后，系统提示如下：

> 指定阵列的中心点或 [基点 (B) / 旋转轴 (A)]: (选择中心点、基点或旋转轴)
> 选择夹点以编辑阵列或 [关联 (AS) / 基点 (B) / 项目 (I) / 项目间角度 (A) / 填充角度 (F) / 行 (ROW) / 层 (L) / 旋转项目 (ROT) / 退出 (X)] < 退出 >: (通过夹点调整角度、填充角度，也可以分别选择各选项输入数值)

注意

阵列在平面作图时有矩形阵列和环形阵列两种方式，可以在矩形阵列或环形阵列中创建对象的副本。对于矩形阵列，可以控制行和列的数目以及它们之间的距离。对于环形阵列，可以控制对象副本的数目并决定是否旋转副本。

5.3.8 实例——绘制三绕组变压器图形符号

本例绘制的三绕组变压器图形符号如图 5-26 所示。

01 单击"默认"选项卡"绘图"面板中的"圆"按钮⊙，绘制一个圆心为（100，100）、半径为 10 的圆。命令行提示与操作如下：

> 命令 : _circle
> 指定圆的圆心或 [三点 (3P) / 两点 (2P) / 切点、切点、半径 (T)]: 100, 100
> 指定圆的半径或 [直径 (D)]: 10

02 单击"默认"选项卡"修改"面板中的"环形阵列"按钮⚬ⁿ⚬，阵列刚绘制的圆。命令行提示与操作如下：

> 命令 : _arraypolar
> 选择对象 :
> 指定阵列的中心点或 [基点 (B) / 旋转轴 (A)]:
> 输入项目数或 [项目间角度 (A) / 表达式 (E)]<4>: 3
> 指定填充角度 (+= 逆时针、-= 顺时针) 或 [表达式 (EX)]<360>:
> 按 Enter 键接受或 [关联 (AS) / 基点 (B) / 项目 (I) / 行数 (R) / 层级 (L) / 对齐项目 (A) /Z 方向 (Z) / 退出 (X)] < 退出 >: ✓

阵列后的结果如图 5-27 所示。

图 5-26 三绕组变压器图形符号

图 5-27 阵列圆

03 单击"默认"选项卡"绘图"面板中的"直线"按钮 ∕，捕捉第一个圆的顶点作为直线起点，绘制长度为 15 的直线。捕捉过程和引线绘制分别如图 5-28 和图 5-29 所示。

04 单击"默认"选项卡"修改"面板中的"复制"按钮 ⁰⁰，完成另外两条引线的复制。绘制完成的三绕组变压器图形符号如图 5-30 所示。

图 5-28　捕捉过程　　　　　图 5-29　引线绘制　　　　　图 5-30　绘制完成三绕组
变压器图形符号

5.4　改变位置类命令

这类编辑命令的功能是按照指定要求改变当前图形或图形的某部分位置，主要包括移动、旋转和缩放等命令。

 5.4.1　移动命令

【执行方式】

命令行：MOVE
菜单：修改→移动
快捷菜单：选择要移动的对象，在绘图区右击，在打开的快捷菜单中选择"移动"
工具栏：修改→移动 ✛
功能区：单击"默认"选项卡"修改"面板中的"移动"按钮 ✛

 【操作格式】

命令：MOVE ✓
选择对象：(选择要移动的对象)

用前面介绍的对象选择方法选择要移动的对象，按 Enter 键结束选择。系统继续提示：

指定基点或位移：(指定基点或移至点)
指定基点或 [位移 (D)] < 位移 >：(指定基点或位移)
指定第二个点或 < 使用第一个点作为位移 >：

其中命令选项的功能与"复制"命令类似。

5.4.2 旋转命令

【执行方式】

命令行：ROTATE

菜单：修改→旋转

快捷菜单：选择要旋转的对象，在绘图区右击，在打开的快捷菜单中选择"旋转"

工具栏：修改→旋转 C

功能区：单击"默认"选项卡"修改"面板中的"旋转"按钮 C

【操作格式】

命令：ROTATE ↙

UCS 当前的正角方向：　ANGDIR= 逆时针　ANGBASE=0

选择对象：(选择要旋转的对象)

指定基点：(指定旋转的基点。在对象内部指定一个坐标点)

指定旋转角度，或 [复制 (C) / 参照 (R)] <0>：(指定旋转角度或选择其他选项)

【选项说明】

（1）复制（C）　选择该选项，旋转对象后保留原对象，如图 5-31 所示。

（2）参照（R）　采用该方式旋转对象时，系统提示如下：

指定参照角 <0>：(指定要参考的角度。默认值为 0)

指定新角度或 [点 (P)] <0>：(输入旋转后的角度值)

操作完毕后，对象被旋转至指定角度的位置。

 注意

可以用拖动鼠标的方法旋转对象。选择对象并指定基点后，从基点到当前光标位置会出现一条连线，移动鼠标，选择的对象会动态地随该连线与水平方向的夹角变化而旋转，如图 5-32 所示。按 Enter 键可确认旋转操作。

a）旋转前　　　　　　b）旋转后

图 5-31　复制旋转

图 5-32　拖动鼠标旋转对象

5.4.3 实例——绘制加热器图形符号

本例绘制的加热器图形符号如图 5-33 所示。

图 5-33　加热器图形符号

01 单击"默认"选项卡"绘图"面板中的"多边形"按钮⬠，绘制一个正三角形。命令行提示与操作如下：

> 命令：_polygon
> 输入侧面数 <4>: 3
> 指定正多边形的中心点或 [边 (E)]:
> 输入选项 [内接于圆 (I) / 外切于圆 (C)] <I>:
> 指定圆的半径：

结果如图 5-34 所示。

02 单击"默认"选项卡"绘图"面板中的"矩形"按钮▭，绘制两个大小不同的矩形，结果如图 5-35 所示。

03 单击"默认"选项卡"修改"面板中的"复制"按钮❁，复制矩形。命令行提示与操作：

> 命令：COPY
> 选择对象：找到 1 个 (选择刚绘制的矩形)
> 选择对象：
> 当前设置：　复制模式 = 多个
> 指定基点或 [位移 (D) / 模式 (O)] < 位移 >: (选择小矩形左边中点)
> 指定第二个点或 [阵列 (A)] < 使用第一个点作为位移 >: (按 F8 键，将小矩形复制到大矩形的上下两条边上)
> 指定第二个点或 [阵列 (A) / 退出 (E) / 放弃 (U)] < 退出 >:

结果如图 5-36 所示。

图 5-34　绘制三角形

图 5-35　绘制矩形

图 5-36　复制矩形

04 单击"默认"选项卡"修改"面板中的"修剪"按钮 ，将多余的线条修剪掉，完成加热单元的绘制。命令行提示与操作：

命令：_trim
当前设置：投影 =UCS, 边 = 无 , 模式 = 标准
选择剪切边 ...
选择对象或 [模式 (O)] < 全部选择 >:
选择要修剪的对象 , 或按住 Shift 键选择要延伸的对象 , 或 [剪切边 (T) / 栏选 (F) / 窗交 (C) / 模式 (O) / 投影 (P) / 边 (E) / 删除 (R)]:(选择线段)
选择要修剪的对象 , 或按住 Shift 键选择要延伸的对象 , 或 [剪切边 (T) / 栏选 (F) / 窗交 (C) / 模式 (O) / 投影 (P) / 边 (E) / 删除 (R) / 放弃 (U)]:(选择线段)
选择要修剪的对象 , 或按住 Shift 键选择要延伸的对象 , 或 [剪切边 (T) / 栏选 (F) / 窗交 (C) / 模式 (O) / 投影 (P) / 边 (E) / 删除 (R) / 放弃 (U)]:(选择线段)
选择要修剪的对象 , 或按住 Shift 键选择要延伸的对象 , 或 [剪切边 (T) / 栏选 (F) / 窗交 (C) / 模式 (O) / 投影 (P) / 边 (E) / 删除 (R) / 放弃 (U)]:

05 单击"默认"选项卡"修改"面板中的"旋转"按钮 ，分别以加热单元左右线段端点为基点，复制旋转加热单元到 60° 和 −60° 位置。命令行提示与操作：

命令：_rotate
UCS 当前的正角方向： ANGDIR= 逆时针 ANGBASE=0
选择对象 :(选择修剪后的所有矩形)
选择对象 :
指定基点 :(选择左下角点)
指定旋转角度 , 或 [复制 (C) / 参照 (R)] <0>: C
指定旋转角度 , 或 [复制 (C) / 参照 (R)] <0>: 60
命令：_rotate
UCS 当前的正角方向： ANGDIR= 逆时针 ANGBASE=0
选择对象 :(选择修剪后的所有矩形)
选择对象 :
指定基点 :(选择右下角点)
指定旋转角度 , 或 [复制 (C) / 参照 (R)] <60>: C
指定旋转角度 , 或 [复制 (C) / 参照 (R)] <60>: −60

06 单击"默认"选项卡"绘图"面板中的"圆环"按钮 ，在导线交点处绘制表示导线连接的实心圆环。命令行提示与操作如下：

命令： DONUT
指定圆环的内径 <0.0000>:
指定圆环的外径 <4.0000>: 2
指定圆环的中心点或 < 退出 >:
指定圆环的中心点或 < 退出 >:
指定圆环的中心点或 < 退出 >:
指定圆环的中心点或 < 退出 >:
指定圆环的中心点或 < 退出 >:
指定圆环的中心点或 < 退出 >:

结果如图 5-33 所示。

5.4.4 缩放命令

 【执行方式】

命令行：SCALE
菜单：修改→缩放
快捷菜单：选择要缩放的对象，在绘图区右击，在打开的快捷菜单上选择"缩放"
工具栏：修改→缩放 □
功能区：单击"默认"选项卡"修改"面板中的"缩放"按钮 □

 【操作格式】

命令：SCALE ↙
选择对象：(选择要缩放的对象)
指定基点：(指定缩放操作的基点)
指定比例因子或 [复制 (C) / 参照 (R)]:

 【选项说明】

1）采用"参照"方式缩放对象时，系统提示如下：

指定参照长度 <1>:(指定参考长度值)
指定新的长度或 [点 (P)] <1.0000>:(指定新长度值)

若新长度值大于参考长度值，则放大对象，否则缩小对象。操作完毕后，系统以指定的基点按指定的比例因子缩放对象。如果选择"点（P）"选项，则指定两点来定义新的长度。

2）可以用拖动鼠标的方法缩放对象。选择对象并指定基点后，从基点到当前光标位置会出现一条连线，线段的长度即为缩放比例大小。移动鼠标，选择的对象会动态地随该连线长度的变化而缩放。按 Enter 键可确认缩放操作。

3）当选择"复制（C）"选项时，可以复制缩放对象，即缩放对象后保留原对象，如图 5-37 所示。

a）缩放前　　　b）缩放后

图 5-37　复制缩放

5.5 改变几何特性类命令

这类编辑命令在对指定对象进行编辑后，可使编辑对象的几何特性发生改变，包括修剪、延伸、拉伸、拉长、分解、合并、圆角、倒角和打断等命令。

5.5.1 修剪命令

 【执行方式】

命令行：TRIM

菜单：修改→修剪

工具栏：修改→修剪 ✂

功能区：单击"默认"选项卡"修改"面板中的"修剪"按钮 ✂

【操作格式】

命令：TRIM ✓

当前设置：投影 =UCS, 边 = 无, 模式 = 标准

选择剪切边 ...

选择对象或 [模式 (O)] < 全部选择 >: (选择用作修剪边界的对象)

按 Enter 键结束对象选择，系统提示如下：

选择要修剪的对象，或按住 Shift 键选择要延伸的对象，或[剪切边 (T) / 栏选 (F) / 窗交 (C) / 模式 (O) / 投影 (P) / 边 (E) / 删除 (R)]:

【选项说明】

1）在选择对象时，如果按住 Shift 键，系统会自动将"修剪"命令转换成"延伸"命令（"延伸"命令将在 5.5.3 节中介绍）。

2）当选择"边"选项时，可以选择对象的修剪方式。

● 延伸（E）：延伸边界进行修剪。选择此方式，如果剪切边没有与要修剪的对象相交，系统会延伸剪切边直至与对象相交后再修剪。

● 不延伸（N）：不延伸边界修剪对象。选择此方式，只修剪与剪切边相交的对象。

3）当选择"栏选（F）"选项时，系统以"栏选"的方式选择被修剪对象，如图 5-38 所示。

a）选择剪切边界　　　b）使用"栏选"选定要修剪的对象　　　c）修剪结果

图 5-38　"栏选"选择修剪对象

4）当选择"窗交（C）"选项时，系统以"窗交"的方式选择被修剪对象，如图 5-39 所示。

a）选择剪切边界　　　b）使用"窗交"选定要修剪的对象　　　c）修剪结果

图 5-39　"窗交"选择修剪对象

5）被选择的对象可以互为边界和被修剪对象，此时系统会在选择的对象中自动判断边界。

5.5.2 实例——绘制 MOS 场效应晶体管图形符号

本例绘制的 MOS 场效应晶体管图形符号如图 5-40 所示。

01 绘制 MOS 场效应晶体管图形符号轮廓。

❶ 单击"默认"选项卡"绘图"面板中的"直线"按钮／，开启"正交模式"，绘制长度为 32 的水平直线，如图 5-41 所示。

图 5-40　MOS 场效应晶体管图形符号　　　　　图 5-41　绘制水平直线

❷ 单击"默认"选项卡"修改"面板中的"偏移"按钮 ⊑，将水平直线依次向上平移 4、1、10。命令行提示与操作如下：

```
命令：_offset　　（执行偏移命令）
当前设置：删除源 = 否　图层 = 源　OFFSETGAPTYPE=0
指定偏移距离或 [ 通过 (T) / 删除 (E) / 图层 (L) ] < 通过 >: 4（偏移距离为 4）
选择要偏移的对象，或 [ 退出 (E) / 放弃 (U) ] < 退出 >: ( 选择水平直线为偏移对象 )
指定要偏移的那一侧上的点，或 [ 退出 (E) / 多个 (M) / 放弃 (U) ] < 退出 >: ( 选择水平直线上方，按
Enter 键确认 )
```

采用相同的方法，断续偏移水平直线，结果如图 5-42 所示。

❸ 单击"默认"选项卡"修改"面板中的"镜像"按钮 ⚠，将步骤❷中偏移生成的 3 条线镜像，结果如图 5-43 所示。

❹ 单击"默认"选项卡"绘图"面板中的"直线"按钮／，开启"极轴追踪"方式，捕捉各直线中点，绘制竖直线，结果如图 5-44 所示。

图 5-42　偏移水平直线　　　　图 5-43　镜像水平直线　　　　图 5-44　绘制竖直线

❺ 单击"默认"选项卡"修改"面板中的"偏移"按钮 ⊑，将刚绘制的竖直线依次向左偏移 4、1、8，结果如图 5-45 所示。

❻ 单击"默认"选项卡"修改"面板中的"修剪"按钮 ✂，修剪图线，结果如图 5-46 所示。

02 绘制引出端及箭头。

❶ 单击"默认"选项卡"绘图"面板中的"多段线"按钮 ，开启"极轴追踪"方式，并捕捉直线中点，绘制多段线，结果如图 5-47 所示。

图 5-45　偏移竖直线　　　　　图 5-46　修剪图线　　　　　图 5-47　绘制多段线

❷ 单击"默认"选项卡"绘图"面板中的"多段线"按钮 ，并启用"极轴追踪"方式，在打开的"草图设置"对话框中将"增量角"设置为 15，如图 5-48 所示。

图 5-48　"草图设置"对话框

❸ 捕捉交点，然后单击"默认"选项卡"绘图"面板中的"直线"按钮 ，绘制箭头，结果如图 5-49 所示。

❹ 单击"默认"选项卡"绘图"面板中的"图案填充"按钮 ，用"SOLID"图案填充箭头，结果如图 5-50 所示。

图 5-49　绘制箭头　　　　　　　　　　图 5-50　填充箭头

03 单击"默认"选项卡"绘图"面板中的"圆"按钮 ，绘制输入输出端子，并剪切掉多余的线段。单击"默认"选项卡"绘图"面板中的"直线"按钮 ╱，在输入、输出端子处标上正负号。单击"默认"选项卡"注释"面板中的"多行文字"按钮 A，标注文字符号，结果如图 5-40 所示。

5.5.3 延伸命令

延伸对象是指将选中的对象延伸到另一个对象的边界线，如图 5-51 所示。

a）选择边界　　　　　　　b）选择要延伸的对象　　　　　　c）执行结果

图 5-51　延伸对象

 【执行方式】

命令行：EXTEND

菜单：修改→延伸

工具栏：修改→延伸 ⇥|

功能区：单击"默认"选项卡"修改"面板中的"延伸"按钮 ⇥|

 【操作格式】

命令：EXTEND ↙
当前设置：投影 =UCS, 边 = 无，模式 = 标准
选择边界边 ...
选择对象或 [模式 (O)] < 全部选择 >:(选择边界对象)

此时可以选择对象来定义边界。若直接按 Enter 键，则选择所有对象作为可能的边界对象。

系统规定，可以用作边界对象的对象有直线段、射线、双向无限长线、圆弧、圆、椭圆、二维多义线、三维多义线、样条曲线、文本、浮动的视口和区域。如果选择二维多义线作为边界对象，系统会忽略其宽度而把对象延伸至多义线的中心线。

选择边界对象后，系统继续提示：

选择要延伸的对象，或按住 Shift 键选择要修剪的对象，或 [边界边 (B) / 栏选 (F) / 窗交 (C) / 模式 (O) /
投影 (P) / 边 (E)]:

 【选项说明】

1）如果要延伸的对象是适配样条多义线，则延伸后会在多义线的控制框上增加新节点。

如果要延伸的对象是锥形的多义线，系统会修正延伸端的宽度，使多义线从起始端平滑地延伸至新终止端。如果延伸操作导致终止端宽度可能为负值，则取宽度值为 0，如图 5-52 所示。

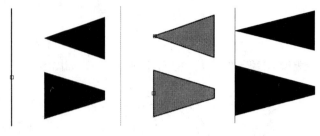

a）选择边界对象　　b）选择要延伸的多段线　c）延伸后的结果

图 5-52　延伸对象

2）选择对象时，如果按住 Shift 键，系统会自动将"延伸"命令转换成"修剪"命令。

5.5.4　实例——绘制交接点图形符号

本例绘制的交接点图形符号如图 5-53 所示。

01 单击"默认"选项卡"绘图"面板中的"圆"按钮⊙，在点（100,100）处绘制半径为 10 的圆。

02 单击"默认"选项卡"修改"面板中的"偏移"按钮⊏，将圆向内偏移 3，结果如图 5-54 所示。

图 5-53　交接点图形符号

图 5-54　偏移圆

03 绘制三条引线。

❶ 单击"默认"选项卡"绘图"面板中的"直线"按钮╱，在外圆右侧象限点处绘制长度为 15 的水平直线，如图 5-55 所示。

❷ 单击"默认"选项卡"修改"面板中的"偏移"按钮⊏，将水平直线分别向上、向下偏移 6，结果如图 5-56 所示。

图 5-55　绘制水平直线

图 5-56　偏移直线

❸ 单击"默认"选项卡"修改"面板中的"延伸"按钮→|，以外圆为延伸边界，延伸偏移生成的两条引线。命令行提示与操作如下：

命令：_extend
当前设置：投影 =UCS, 边 = 无 , 模式 = 标准
选择边界边 ...
选择对象或 [模式 (O)] < 全部选择 >: (按空格键)
选择要延伸的对象，或按住 Shift 键选择要修剪的对象，或 [边界边 (B) / 栏选 (F) / 窗交 (C) / 模式 (O) /
投影 (P) / 边 (E)]: 指定对角点 : (选择上引线)
选择要延伸的对象，或按住 Shift 键选择要修剪的对象，或 [边界边 (B) / 栏选 (F) / 窗交 (C) / 模式 (O) /
投影 (P) / 边 (E) / 放弃 (U)]: 指定对角点 : (选择下引线)
选择要延伸的对象，或按住 Shift 键选择要修剪的对象，或 [边界边 (B) / 栏选 (F) / 窗交 (C) / 模式 (O) /
投影 (P) / 边 (E) / 放弃 (U)]: (退出操作)

结果如图 5-57 所示。

图 5-57　延伸引线

5.5.5　拉伸命令

拉伸对象是指拖拽选择的对象，使对象的形状发生改变，如图 5-58 所示。拉伸对象时应指定拉伸的基点和移至点。利用一些辅助工具，如捕捉工具、钳夹工具及相对坐标等可以提高拉伸的精度。

a）选择对象　　　　　　　b）拉伸后

图 5-58　拉伸对象

【执行方式】

命令行：STRETCH
菜单：修改→拉伸
工具栏：修改→拉伸
功能区：单击"默认"选项卡"修改"面板中的"拉伸"按钮

【操作格式】

命令：STRETCH ✓
以交叉窗口或交叉多边形选择要拉伸的对象 ...

选择对象 : C ✓

指定第一个角点 : 指定对角点 : 找到两个 (采用交叉窗口的方式选择要拉伸的对象)

选择对象 :

指定基点或 [位移 (D)] < 位移 >: (指定拉伸的基点)

指定第二个点或 < 使用第一个点作为位移 >: (指定拉伸的移至点)

此时若指定第二个点，系统将根据这两点决定的矢量拉伸对象。若直接按 Enter 键，系统会把第一个点作为 x 轴和 y 轴的分量值。

完全包含在交叉窗口内的或单独选定的对象将被移动，至少有一个顶点或端点在交叉选择窗口内的对象将被拉伸。

5.5.6 拉长命令

 【执行方式】

命令行 : LENGTHEN

菜单 : 修改→拉长

功能区 : 单击"默认"选项卡"修改"面板中的"拉长"按钮

 【操作格式】

命令 : LENGTHEN ✓

选择要测量对象或 [增量 (DE) / 百分比 (P) / 总计 (T) / 动态 (DY)]: (选定对象)

当前长度 : 30.5001 (给出选定对象的长度，如果选择圆弧则还将给出圆弧的包含角)

选择要测量对象或 [增量 (DE) / 百分比 (P) / 总计 (T) / 动态 (DY)]: DE ✓ (选择拉长或缩短的方式)

输入长度增量或 [角度 (A)] <0.0000>: 10 ✓ (输入长度增量数值。如果选择圆弧段，则可输入选项"A"给定角度增量)

选择要修改的对象或 [放弃 (U)]: (选定要修改的对象，进行拉长操作)

选择要修改的对象或 [放弃 (U)]: (继续选择，按 Enter 键结束命令)

 【选项说明】

（1）增量（DE）用指定增加量的方法改变对象的长度或角度。

（2）百分比（P） 用指定占总长度的百分比来改变圆弧或直线段的长度。

（3）总计（T） 用指定新的总长度或总角度值的方法来改变对象的长度或角度。

（4）动态（DY） 打开动态拖拽模式。在这种模式下可以使用拖拽鼠标的方法动态改变对象的长度或角度。

5.5.7 实例——绘制带燃油泵电动机图形符号

本例绘制的带燃油泵电动机图形符号如图 5-59 所示。

01 绘制圆及直线。

❶ 单击"默认"选项卡"绘图"面板中的"圆"按钮，以（200,50）为圆心，绘制一个半径为 10 的圆，如图 5-60 所示。

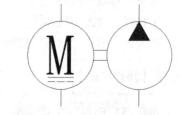

图 5-59 带燃油泵电动机图形符号

❷ 单击"默认"选项卡"绘图"面板中的"直线"按钮╱，结合"对象捕捉"和"正交模式"，用鼠标捕捉圆心 O，并以其为起点向上绘制一条长度为 15 的竖直直线 1，如图 5-61 所示。

02 拉长并复制。

❶ 单击"默认"选项卡"修改"面板中的"拉长"按钮╱，将竖直直线 1 向下拉长 15。命令行提示与操作如下：

命令：_lengthen
选择要测量对象或 [增量 (DE) / 百分比 (P) / 总计 (T) / 动态 (DY)]: DE
输入长度增量或 [角度 (A)] <0.0000>: 15
选择要修改的对象或 [放弃 (U)]: (选择直线)
选择要修改的对象或 [放弃 (U)]:

结果如图 5-62 所示。

图 5-60 绘制圆   图 5-61 绘制竖直直线 1   图 5-62 拉长竖直直线 1

❷ 单击"默认"选项卡"修改"面板中的"复制"按钮，将绘制的圆与竖直直线复制一份，并向右平移 24，结果如图 5-63 所示。

❸ 单击"默认"选项卡"绘图"面板中的"直线"按钮╱，结合"对象捕捉"，用鼠标分别捕捉圆心 O 和 P，绘制水平直线 3，结果如图 5-64 所示。

03 单击"默认"选项卡"修改"面板中的"偏移"按钮，将直线 3 分别向上和向下偏移 1.5，生成直线 4 和 5，结果如图 5-65 所示。

图 5-63 复制并平移图形   图 5-64 绘制水平直线 3   图 5-65 偏移水平直线

04 单击"默认"选项卡"修改"面板中的"删除"按钮，删除直线 3（或者选择直线 3，然后单击 Delete 键将其删除）。

05 单击"默认"选项卡"修改"面板中的"修剪"按钮，以圆弧为剪切边，对直线 1、2、4 和 5 进行修剪，结果如图 5-66 所示。

06 单击"默认"选项卡"绘图"面板中的"多边形"按钮，以直线 2 的下端点为上顶点，绘制一个边长为 6.5 的等边三角形，如图 5-67 所示。

07 单击"默认"选项卡"绘图"面板中的"图案填充"按钮▨，选择"SOLID"图案填充三角形，如图 5-68 所示。

图 5-66　修剪图形　　　　　图 5-67　绘制等边三角形　　　　图 5-68　填充等边三角形

08 单击"默认"选项卡"注释"面板中的"多行文字"按钮 **A**，打开"文字编辑器"选项卡和多行文字编辑器，以文字高度 12 在圆的中心输入文字"M"，并在"文字编辑器"选项卡中单击**U**按钮，给文字添加下划线。

09 单击"默认"选项卡"绘图"面板中的"直线"按钮／，设置线型为虚线"ACAD_ISO02W100"，在文字下划线下方绘制等长水平直线。绘制完成的带燃油泵电动机图形符号如图 5-59 所示。

📖 5.5.8　分解命令

【执行方式】

　　命令行：EXPLODE
　　菜单：修改→分解
　　工具栏：修改→分解🗗
　　功能区：单击"默认"选项卡"修改"面板中的"分解"按钮🗗

【操作格式】

命令：EXPLODE ✓
选择对象：(选择要分解的对象)

选择一个对象后，该对象会被分解。系统继续提示该行信息，允许分解多个对象。

 注意

　　分解命令是将一个合成图形分解成为其部件的工具。例如，一个矩形被分解之后会变成四条直线，而一个有宽度的直线分解之后会失去其宽度属性。

📖 5.5.9　合并命令

利用"合并"命令可以将直线、圆、椭圆弧和样条曲线等独立的线段合并为一个对象，如图 5-69 所示。

【执行方式】

命令行：JOIN

菜单：修改→合并

工具栏：修改→合并 ⊷

功能区：单击"默认"选项卡"修改"面板中的

"合并"按钮 ⊷

图 5-69　合并对象

【操作格式】

命令：JOIN ✓

选择源对象或要一次合并的多个对象：(选择一个对象)

找到 1 个

选择要合并的对象：(选择另一个对象)

找到 1 个，总计 2 个

选择要合并的对象：✓

2 条直线已合并为 1 条直线

5.5.10　圆角命令

圆角是指用指定半径的一段平滑圆弧连接两个对象。系统规定可以圆滑连接一对直线段、非圆弧的多义线段、样条曲线、双向无限长线、射线、圆、圆弧和椭圆。可以在任何时刻圆滑连接多义线的每个节点。

【执行方式】

命令行：FILLET

菜单：修改→圆角

工具栏：修改→圆角 ⌒

功能区：单击"默认"选项卡"修改"面板中的"圆角"按钮 ⌒

【操作格式】

命令：FILLET ✓

当前设置：模式 = 修剪，半径 = 0.0000

选择第一个对象或 [放弃 (U) / 多段线 (P) / 半径 (R) / 修剪 (T) / 多个 (M)]：(选择第一个对象或别的选项)

选择第二个对象，或按住 Shift 键选择对象以应用角点或 [半径 (R)]：(选择第二个对象)

【选项说明】

（1）多段线（P）　在一条二维多段线的两段直线段的节点处插入圆滑的弧。选择多段线后，系统会根据指定的圆弧半径将多段线各顶点用圆滑的弧连接起来。

（2）修剪（T）　用于确定采用圆滑连接两条边时是否修剪这两条边，如图 5-70 所示。

（3）多个（M）　同时对多个对象进行圆角编辑，而不必重新调用命令。

127

（4）按住 Shift 键选择对象　按住 Shift 键并选择两条
直线，可以快速创建零距离倒角或零半径圆角。

5.5.11　倒角命令

倒角是指用斜线连接两个不平行的线型对象。可以用
斜线连接直线段、双向无限长线、射线和多义线。

a）修剪方式　　　　b）不修剪方式

图 5-70　圆角连接

系统提供了两种方法确定连接两个线型对象的斜线，即指定斜线距离、指定斜线角度和一
个斜线距离。

1）指定斜线距离：斜线距离是指从被连接的对象与斜线的交点到被连接的两对象的可能
的交点之间的距离，如图 5-71 所示。

2）指定斜线角度和一个斜线距离：当采用这种方法时，需要输入两个参数，即斜线与一
个对象的斜线距离和斜线与该对象的夹角，如图 5-72 所示。

【执行方式】

命令行：CHAMFER

菜单：修改→倒角

工具栏：修改→倒角

功能区：单击"默认"选项卡"修改"面板中的"倒角"按钮

图 5-71　斜线距离

图 5-72　斜线距离与夹角

【操作格式】

命令：CHAMFER ✓

（"不修剪"模式）当前倒角距离 1 = 0.0000, 距离 2 = 0.0000

选择第一条直线或 [放弃 (U) / 多段线 (P) / 距离 (D) / 角度 (A) / 修剪 (T) / 方式 (E) / 多个 (M)]:(选
择第一条直线或别的选项)

选择第二条直线 , 或按住 Shift 键选择直线以应用角点或 [距离 (D) / 角度 (A) / 方法 (M)]:(选择第
二条直线)

【选项说明】

（1）多段线（P）　对多段线的各个交叉点倒角。为了得到最好的连接效果，一般设置斜线
是相等的值，系统根据指定的斜线距离将多义线的每个交叉点都进行斜线连接，连接的斜线成

为多段线新添加的构成部分，如图 5-73 所示。

a）选择多段线　　　　b）倒角结果

图 5-73　斜线连接多义线

（2）距离（D）　选择倒角的两个斜线距离。这两个斜线距离可以相同或不相同，若二者均为 0，则系统不绘制连接的斜线，而是将两个对象延伸至相交并修剪超出的部分。

（3）角度（A）　选择第一条直线的斜线距离和第一条直线的倒角角度。

（4）修剪（T）　与圆角连接命令 FILLET 相同，该选项可用于确定连接对象后是否剪切原对象。

（5）方式（E）　确定采用"距离"方式还是"角度"方式来倒角。

（6）多个（M）　同时对多个对象进行倒角编辑。

5.5.12　实例——绘制变压器图形符号

本例绘制的变压器图形符号如图 5-74 所示。

01　绘制矩形及中心线。

❶ 单击"默认"选项卡"绘图"面板中的"矩形"按钮，绘制一个长为 630、宽为 455 的矩形，如图 5-75 所示。

❷ 单击"默认"选项卡"修改"面板中的"分解"按钮，将绘制的矩形分解为直线 1 ~ 直线 4。

❸ 单击"默认"选项卡"修改"面板中的"偏移"按钮，将直线 1 向下偏移 227.5，将直线 3 向右偏移 315，生成两条中心线，将中心线线型设置为点画线。选择菜单栏中的"修改"→"拉长"选项，将两条中心线向端点方向分别拉长 50，结果如图 5-76 所示。

图 5-74　变压器图形符号

图 5-75　绘制矩形

02　修剪直线。

❶ 单击"默认"选项卡"修改"面板中的"偏移"按钮，将直线 1 向下偏移 35，将直线 2 向上偏移 35，将直线 3 向右偏移 35，将直线 4 向左偏移 35，然后执行"修剪"命令，修剪掉多余的直线，结果如图 5-77 所示。

图 5-76　绘制中心线

图 5-77　偏移并修剪直线

❷ 单击"默认"选项卡"修改"面板中的"圆角"按钮，设置圆角半径为 35，对图形进行倒圆处理。命令行提示与操作如下：

命令：_fillet
当前设置：模式 = 修剪，半径 = 0.0000
选择第一个对象或 [放弃 (U) / 多段线 (P) / 半径 (R) / 修剪 (T) / 多个 (M)]：R
指定圆角半径 <0.0000>：35
选择第一个对象或 [放弃 (U) / 多段线 (P) / 半径 (R) / 修剪 (T) / 多个 (M)]：M
选择第一个对象或 [放弃 (U) / 多段线 (P) / 半径 (R) / 修剪 (T) / 多个 (M)]：(选择大矩形的一边)
选择第二个对象，或按住 Shift 键选择对象以应用角点或 [半径 (R)]：(选择相邻的另一边)
选择第一个对象或 [放弃 (U) / 多段线 (P) / 半径 (R) / 修剪 (T) / 多个 (M)]：

采用相同的方法，对小矩形进行倒圆，结果如图 5-78 所示。

03 单击"默认"选项卡"修改"面板中的"偏移"按钮，将竖直中心线分别向左和向右偏移 230，然后将偏移生成的直线转换为实线，结果如图 5-79 所示。

图 5-78　倒圆

图 5-79　偏移直线

04 单击"默认"选项卡"绘图"面板中的"直线"按钮，结合"对象追踪"，以图 5-79 中直线 1 和直线 2 的上端点为两端点绘制水平直线 3，并调用"拉长"命令，将水平直线向两端分别拉长 35，结果如图 5-80 所示。然后将水平直线 3 向上偏移 20，生成直线 4，分别连接直线 3 和直线 4 的左右端点，结果如图 5-81 所示。

图 5-80　绘制水平直线

图 5-81　偏移水平直线并连接端点

05 设置水平直线的偏移量为 35，采用相同的方法绘制下半部分。完成后单击"默认"选项卡"修改"面板中的"修剪"按钮，修剪掉多余的直线，结果如图 5-82 所示。

06 单击"默认"选项卡"绘图"面板中的"矩形"按钮 ，以两中心线交点为中心，设置矩形的长为 380、宽为 460、圆角的半径为 35，绘制一个带圆角的矩形。命令行提示与操作如下：

```
命令 : _rectang
指定第一个角点或 [ 倒角 (C) / 标高 (E) / 圆角 (F) / 厚度 (T) / 宽度 (W) ]: F ↙
指定矩形的圆角半径 <0.0000>: 35 ↙
指定第一个角点或 [ 倒角 (C) / 标高 (E) / 圆角 (F) / 厚度 (T) / 宽度 (W) ]: from ↙
基点 : ( 选择中心线交点 )
< 偏移 >: @-190, -230 ↙
指定另一个角点或 [ 面积 (A) / 尺寸 (D) / 旋转 (R) ]: D ↙
指定矩形的长度 <0.0000>: 380 ↙
指定矩形的宽度 <0.0000>: 460 ↙
指定另一个角点或 [ 面积 (A) / 尺寸 (D) / 旋转 (R) ]: ( 移动鼠标到中心线的右上方，单击，确定另一个角点的位置 )
```

结果如图 5-83 所示。

图 5-82　绘制下半部分并修剪图线

图 5-83　插入圆角矩形

> **注意**
>
> 采取已知一个角点位置以及长度和宽度的方式绘制矩形时，另一个角点的位置有 4 种可能，可以通过移动鼠标指向大致位置方向确定另一个角点位置。

07 单击"默认"选项卡"绘图"面板中的"直线"按钮 ，以竖直中心线为对称轴，绘制六条长度均为 420、直线间的距离均为 55 竖直直线。至此，变压器图形符号绘制完毕，如图 5-74 所示。

5.5.13　打断命令

【执行方式】

命令行：BREAK
菜单：修改→打断

131

工具栏：修改→打断

功能区：单击"默认"选项卡"修改"面板中的"打断"按钮

【操作格式】

命令：BREAK ✓

选择对象：(选择要打断的对象)

指定第二个打断点或 [第一点 (F)]：(指定第二个断开点或键入 "F")

【选项说明】

如果选择"第一点（F）"，系统将丢弃前面的第一个选择点，重新提示用户指定两个断开点。

5.6 对象编辑

在对图形进行编辑时，还可以对图形对象本身的某些特性进行编辑。

5.6.1 钳夹功能

利用钳夹功能可以快速方便地编辑对象。AutoCAD 在图形对象上定义了一些特殊点，称为夹持点，如图 5-84 所示。利用夹持点可以灵活地控制对象。

要使用钳夹功能编辑对象必须先打开钳夹功能，打开方法是在菜单栏中选择工具→选项→选择集，在"选择集"选项卡的"夹点"选项组下方勾选"显示夹点"复选框。在该页面上还可以设置代表夹点小方格的尺寸和颜色。

也可以通过 GRIPS 系统变量控制是否打开钳夹功能，1 代表打开，0 代表关闭。

图 5-84　夹持点

打开了钳夹功能后，需要在编辑对象之前先选择对象。夹点表示了对象的控制位置。

使用夹点编辑对象，首先要选择一个夹点作为基点，称为基准夹点；然后选择一种编辑操作，如镜像、移动、旋转、拉伸和缩放。可以用空格键、Enter 键或键盘上的快捷键循环选择这些功能。

下面以其中的拉伸对象操作为例进行讲解。

在图形上拾取一个夹点，该夹点改变颜色，此点为夹点编辑的基准点，这时系统提示：

** 拉伸 **

指定拉伸点或 [基点 (B) / 复制 (C) / 放弃 (U) / 退出 (X)]：

在上述拉伸编辑提示下输入镜像命令，或者右击，在弹出的快捷菜单中选择"镜像"命令，即可转换为"镜像"操作。其他操作类似。

5.6.2 特性选项板

【执行方式】

命令行：DDMODIFY 或 PROPERTIES

菜单：修改→特性

工具栏：标准→特性📋

功能区：单击"视图"选项卡"选项板"面板中的"特性"按钮📋（见图 5-85），或者单击"默认"选项卡"特性"面板中的"对话框启动器"按钮⌐

【操作格式】

命令：DDMODIFY ✓

系统打开"特性"选项板，如图 5-86 所示。利用它可以方便地设置或修改对象的各种属性。

不同的对象，其属性种类和值不同，修改属性值，可使对象改变为新的属性。

图 5-85 "选项板"面板

图 5-86 "特性"选项板

5.7 综合实例——绘制变电站避雷针布置图

图 5-87 所示为某企业用 35kV 变电站避雷针布置图。这个变电站装有三支 17m 的避雷针和一支利用进线终端杆的 12m 的避雷针，避雷针的保护范围是按照被保护高度为 7m 而确定的，凡是高度在 7m 以下的设备和构筑物均在此保护范围之内。但是高于 7m 的设备，如果离某支避雷针很近，也能被保护；低于 7m 的设备，即使超过图示范围也可能在保护范围之内。

图 5-87　35kV 变电站避雷针布置图

01 设置图层。单击"默认"选项卡"图层"面板中的"图层特性"按钮，打开"图层特性管理器"选项板，创建"中心线层"和"绘图层"两个图层，设置各图层属性如图 5-88 所示。

图 5-88　设置图层属性

02 绘制矩形边框。

❶ 将"中心线层"设置为当前图层，单击"默认"选项卡"绘图"面板中的"直线"按钮 ，绘制一条竖直直线。

❷ 将"绘图层"设置为当前图层，单击菜单栏中的"绘图"→"多线"命令，绘制左边框。命令行提示与操作如下：

命令：_mline
当前设置：对正 = 无，比例 = 0.30, 样式 = STANDARD
指定起点或 [对正 (J) / 比例 (S) / 样式 (ST)]：(输入 "S")
输入多线比例 <20.00>：(输入 0.3)
当前设置：对正 = 上，比例 = 0.30, 样式 = STANDARD

指定起点或 [对正 (J) / 比例 (S) / 样式 (ST)]: (输入 "J")

输入对正类型 [上 (T) / 无 (Z) / 下 (B)]< 无 >: (输入 "Z")

当前设置 : 对正 = 无 , 比例 = 0.30, 样式 = STANDARD

指定起点或 [对正 (J) / 比例 (S) / 样式 (ST)]:

打开"对象捕捉"功能，捕捉最近点，作为多线在中心线的起点，移动鼠标使直线保持水平，跟随鼠标的提示，在"指定下一点"右侧的文本框中输入下一点到起点的距离 15.6，如图 5-89 所示；然后移动鼠标使直线保持竖直，向上绘制长度为 38 的直线；继续移动鼠标使直线保持水平，向右绘制长度为 14.6 的直线，如图 5-90a 所示。

❸ 单击"默认"选项卡"修改"面板中的"镜像"按钮 ⚠️ ，选择镜像对象为绘制的左边框，以中心线为镜像线，镜像生成矩形边框，结果如图 5-90b 所示。

图 5-89　输入距离

图 5-90　镜像生成矩形边框

（03）绘制终端杆并进行连接。

❶ 单击"默认"选项卡"修改"面板中的"分解"按钮 ，将图 5-90 所示的矩形边框进行分解，并利用"合并"命令，将上、下边框合并为一条直线。

❷ 单击"默认"选项卡"修改"面板中的"偏移"按钮 ，将矩形上边框直线依次向下偏移 3 和 41，将中心线分别向左、右偏移 14.1，结果如图 5-91a 所示。

❸ 单击"默认"选项卡"绘图"面板中的"矩形"按钮 ，绘制一个长为 1.1、宽为 1.1 的正方形，并使正方形的中心与 B 点重合。

❹ 单击"默认"选项卡"修改"面板中的"偏移"按钮 ，设置偏移距离为 0.3，选择刚绘制的正方形外面的一点，偏移正方形。

❺ 单击"默认"选项卡"修改"面板中的"复制"按钮 ，将偏移后的正方形在 A、C 两点各复制一份，完成终端杆的绘制，结果如图 5-91b 所示。

a)

b)

图 5-91　绘制终端杆

⑥ 单击"默认"选项卡"修改"面板中的"偏移"按钮⊂，将直线 AB 向上偏移 22，同时将中心线向左偏移 3，结果如图 5-92a 所示。

⑦ 单击"默认"选项卡"修改"面板中的"复制"按钮%，将绘制的终端杆在 D 点复制一份。

⑧ 单击"默认"选项卡"修改"面板中的"缩放"按钮□，缩小位于 D 点的终端杆。命令行提示与操作如下：

命令：_scale
选择对象：找到一个 (选择 D 点的终端杆)
选择对象：
指定基点：(选择终端杆的中心)
指定比例因子或 [复制 (C) / 参照 (R)]<1.0000>: 0.8

⑨ 将"中心线层"设置为当前图层，连接各终端杆的中心，结果如图 5-92b 所示。

04 绘制以各终端杆中心为圆心的圆。

❶ 单击"默认"选项卡"绘图"面板中的"圆"按钮⊙，分别以点 A、B、C 为圆心，绘制半径为 11.3 的圆。

❷ 单击"默认"选项卡"绘图"面板中的"圆"按钮⊙，以点 D 为圆心，绘制半径为 4.8 的圆，然后删除左侧的竖直中心线，结果如图 5-93 所示。

图 5-92　绘制终端杆连接线　　　　　图 5-93　绘制以终端杆中心为圆心的圆

05 绘制连接各圆的切线。

❶ 单击"默认"选项卡"修改"面板中的"偏移"按钮⊂，将图 5-93 中的直线 AC、BC、AD、BD 分别向外偏移 4.6、4.6、2.7、1.9，结果如图 5-94a 所示。

❷ 单击"默认"选项卡"绘图"面板中的"直线"按钮／，以顶圆 D 与 AD 的交点为起点，向圆 A 做切线，与 AD 偏移的直线相交于点 E，再以点 E 为起点，做圆 D 的切线。单击"默认"选项卡"修改"面板中的"修剪"命令✂，修建多余的线段。采用同样方法，分别得到交点 F、G、H，如图 5-94b 所示。

❸ 单击"默认"选项卡"修改"面板中的"删除"按钮✐，删除多余的直线，结果如图 5-94c 所示。

a）　　　　　　　　　　　　b）　　　　　　　　　　　　c）

图 5-94　绘制连接各圆的切线

06 绘制变压器图形符号和设备 1。

❶ 单击"默认"选项卡"绘图"面板中的"矩形"按钮▭，分别绘制长为 6、宽为 3 的矩形，长为 3、宽为 1.5 的矩形，以及长为 5、宽为 1.4 的矩形，并将这几个矩形放到适当的位置。

❷ 单击"默认"选项卡"绘图"面板中的"图案填充"按钮▨，系统弹出"图案填充创建"选项卡，设置参数如图 5-95 所示。

图 5-95　设置"图案填充创建"选项卡

❸ 单击"选择边界对象"按钮，返回绘图区，依次选择 3 个矩形的各个边作为填充边界，按 Enter 键退出"图案填充创建"选项卡，完成各个矩形的填充，结果如图 5-96a 所示。

❹ 单击"默认"选项卡"修改"面板中的"镜像"按钮⚠，把完成图案填充的矩形以中心线作为镜像线，镜像复制到右侧，完成变压器图形符号的绘制，结果如图 5-96b 所示。

❺ 单击"默认"选项卡"绘图"面板中的"矩形"按钮▭，绘制一个长为 6、宽为 4 的矩形，如图 5-97a 所示。

❻ 单击"默认"选项卡"修改"面板中的"镜像"按钮⚠，把刚绘制的矩形以中心线作为镜像线，镜像复制到右侧，完成设备 1 的绘制，结果如图 5-97b 所示。

a）   b）

图 5-96   绘制变压器图形符号

a）   b）

图 5-97   绘制设备 1

07 绘制配电室。

❶ 单击"默认"选项卡"绘图"面板中的"矩形"按钮□，绘制一个长为 15、宽为 6 的矩形，将其放到适当的位置。

❷ 单击"默认"选项卡"绘图"面板中的"图案填充"按钮▨，系统弹出"图案填充创建"选项卡，设置"图案填充图案"为"ANSI31"、"图案填充角度"为 0，"填充图案比例"为 1，其他采用默认值。拾取填充区域内一点，按 Enter 键，完成配电室的绘制，结果如图 5-98 所示。

08 绘制设备 2。

❶ 单击"默认"选项卡"绘图"面板中的"矩形"按钮□，绘制一个长为 1、宽为 2 的矩形，如图 5-99a 所示。

❷ 单击"默认"选项卡"绘图"面板中的"图案填充"按钮▨，系统弹出"图案填充创建"选项卡，设置"图案填充图案"为"ANSI31"图案、"图案填充角度"为 0、"填充图案比例"为 0.125，其他采用默认值。拾取矩形区域内一点，按 Enter 键，完成设备 2 的绘制，结果如图 5-99b 所示。

绘制完成的变电站避雷针布置图如图 5-100 所示。

a)   b)

图 5-98 绘制配电室   图 5-99 绘制设备 2   图 5-100 变电站避雷针布置图

5.8 上机实验

实验 1 绘制如图 5-101 所示的桥式全波整流器

💡 **操作提示**

1）利用"多边形"命令绘制一个正方形。

2）利用"旋转"命令，将正方形旋转 45°。

3）利用"多边形"命令绘制一个三角形。

4）利用"直线"命令，同时打开状态栏上的"对象追踪"按钮，过三角形绘制两条直线，完成二极管符号的绘制。

图 5-101 桥式全波整流器

实验 2 绘制如图 5-102 所示的熔断器隔离开关

💡 **操作提示**

1）利用"直线"命令绘制一条水平线段和三条首尾相连的竖直线段。

2）利用"矩形"命令绘制一个穿过中间竖直线段的矩形。

3）利用"旋转"命令，将矩形以及穿过它的直线旋转一定角度。

图 5-102 熔断器隔离开关

实验 3 绘制如图 5-103 所示的多极插头插座

💡 **操作提示**

1）利用"矩形""图案填充""圆弧"和"直线"等命令绘制其中的一极。

2）利用"阵列"命令进行矩形阵列。

3）利用"直线"命令绘制连接线。

4）利用"特性"选项板将连接线的线型改为虚线。

图 5-103   多级插头插座

实验 4   绘制如图 5-104 所示的三相变压器

操作提示

1）利用"圆"和"直线"等命令绘制变压器单元。

2）利用"复制"命令进行复制。

3）利用"直线"和"镜像"命令绘制连接线。

实验 5   绘制如图 5-105 所示的桥式电路

操作提示

1）利用"矩形"命令绘制一个电阻。

2）利用"阵列"命令进行矩形阵列。

3）利用"直线"和"修剪"命令绘制连接线。

图 5-104   三相变压器

图 5-105   桥式电路

5.9 思考与练习

1. 选择连线题

1）能够将对象的某部分进行大小不变的复制命令有：

A. MIRROR   B. COPY   C. ROTATE   D. ARRAY

2）下列命令中哪些可以用来去掉图形中不需要的部分？

A. 删除   B. 清除   C. 移动   D. 回退

3）能够改变一条线段长度的命令有：

A. DDMODIFY   B. LENTHEN   C. EXTEND   D. TRIM

E. STRETCH   F. SCALE   G. BREAK   H. MOVE

4）将下列命令与其命令名连线。

CHAMFER   伸展

LENGTHEN   圆角

FILLET   加长

STRETCH   倒角

5）下面哪个命令在选择对象时必须采取交叉窗口或交叉多边形窗口进行选择？

A. LENTHEN   B. STRETCH   C. ARRAY   D. MIRROR

2. 问答题

1）请分析 COPY 命令与 OFFSET 命令的异同。

2）在利用剪切命令对图形进行剪切时，有时无法实现剪切，试分析可能的原因。

第 章

尺寸标注

尺寸标注是绘图设计过程中相当重要的一个环节。由于图形的主要作用是表达物体的形状，而物体各部分的真实大小和各部分之间的确切位置只能通过尺寸标注来表达，因此没有正确的尺寸标注，绘制出的图样对于加工制造就没有意义。AutoCAD 2024 提供了方便、准确的尺寸标注功能。

尺寸样式 ◎

标注尺寸 ◎

引线标注 ◎

6.1 尺寸样式

组成尺寸标注的尺寸界线、尺寸线、尺寸文本及箭头等可以采用多种多样的形式。当实际标注一个几何对象的尺寸时，它的尺寸标注以什么形态出现，取决于当前所采用的尺寸标注样式。标注样式决定尺寸标注的形式，包括尺寸线、尺寸界线、箭头和中心标记的形式，以及尺寸文本的位置、特性等。在 AutoCAD 2024 中，用户可以利用"标注样式管理器"对话框方便地设置自己需要的尺寸标注样式。

6.1.1 新建或修改尺寸样式

在进行尺寸标注之前，首先要建立尺寸标注的样式。如果用户不建立尺寸标注样式而直接进行标注，系统将使用默认名称为 STANDARD 的样式。用户如果认为使用的标注样式有某些设置不合适，也可以修改标注样式。

【执行方式】

命令行：DIMSTYLE

菜单：格式→标注样式或标注→标注样式

工具栏：标注→标注样式 ⊬

功能区：单击"默认"选项卡"注释"面板中的"标注样式"按钮 ⊬（见图 6-1），或单击"注释"选项卡"标注"面板上的"标注样式"下拉菜单中的"管理标注样式"按钮（见图 6-2），或单击"注释"选项卡"标注"面板中的"对话框启动器"按钮 ⊿

图 6-1 "注释"面板

图 6-2 "标注"面板

【操作格式】

命令：DIMSTYLE ✓

系统打开"标注样式管理器"对话框，如图 6-3 所示。利用此对话框可方便直观地设置和浏览尺寸标注样式，包括建立新的标注样式、修改已存在的标注样式、设置当前尺寸标注样式、标注样式重命名，以及删除一个已存在的标注样式等。

图 6-3 "标注样式管理器"对话框

（1）"置为当前"按钮 单击此按钮，可把在"样式"列表框中选择的样式设置为当前样式。

（2）"新建"按钮 定义一个新的尺寸标注样式。单击此按钮，系统打开"创建新标注样式"对话框，如图 6-4 所示。利用此对话框可创建一个新的尺寸标注样式。下面介绍其中各选项的功能。

1）新样式名：给新的尺寸标注样式命名。

2）基础样式：选择创建新样式所基于的标注样式。单击右侧的下三角按钮，打开当前已有的样式下拉列

图 6-4 "创建新标注样式"对话框

表，可从中选择一个作为定义新样式的基础。新的样式是在这个样式的基础上修改一些特性得到的。

3）用于：指定新样式应用的尺寸类型。单击右侧的下三角按钮，打开尺寸类型下拉列表，如果新建样式应用于所有尺寸，则选择"所有标注"；如果新建样式只应用于特定的尺寸标注（如只在标注直径时使用此样式），则选择相应的尺寸类型。

4）继续：各选项设置好以后，单击"继续"按钮，系统打开"新建标注样式"对话框，如图 6-5 所示。利用此对话框可对新样式的各项特性进行设置。该对话框中各部分的含义和功能将在后面介绍。

（3）"修改"按钮 用于修改一个已存在的尺寸标注样式。单击此按钮，系统弹出"修改标注样式"对话框。该对话框中的各选项与"新建标注样式"对话框中的完全相同，用户可以在此对已有标注样式进行修改。

（4）"替代"按钮 用于设置临时覆盖尺寸标注样式。单击此按钮，系统打开"替代当前样式"对话框。该对话框中的各选项与"新建标注样式"对话框中的完全相同，用户可通过改变选项的设置替代原来的设置，但这种修改只对指定的尺寸标注起作用，而不影响当前尺寸变量的设置。

图 6-5 "新建标注样式"对话框

（5）"比较"按钮 用于比较两个尺寸标注样式在参数上的区别，或浏览一个尺寸标注样式的参数设置。单击此按钮，系统打开"比较标注样式"对话框，如图 6-6 所示。可以把比较结果复制到剪贴板上，然后再粘贴到其他的 Windows 应用软件上。

📖 6.1.2 线

在"新建标注样式"对话框中，第 1 个选项卡就是"线"选项卡。在该选项卡中可设置尺寸线、尺寸界线的形式和特性。

图 6-6 "比较标注样式"对话框

（1）"尺寸线"选项组 用于设置尺寸线的特性。其中主要选项的含义如下：

1）"颜色"下拉列表框：用于设置尺寸线的颜色。可直接输入颜色名字，也可从下拉列表中选择颜色。如果选择"选择颜色"，系统打开"选择颜色"对话框，用户可从中选择其他颜色。

2）"线宽"下拉列表框：用于设置尺寸线的宽度。下拉列表中列出了各种线宽的名称和宽度。AutoCAD 将设置值保存在 DIMLWD 变量中。

3）"超出标记"微调框：当尺寸箭头设置为短斜线、短波浪线或尺寸线上无箭头时，可利用此微调框设置尺寸线超出尺寸界线的距离。相应的尺寸变量是 DIMDLE。

4）"基线间距"微调框：当设置以基线方式标注尺寸时相邻两尺寸线之间的距离。相应的尺寸变量是 DIMDLI。

5）"隐藏"复选框组：用于确定是否隐藏尺寸线及相应的箭头。选择"尺寸线 1"复选框表示隐藏第一段尺寸线，选择"尺寸线 2"复选框表示隐藏第二段尺寸线。相应的尺寸变量为

DIMSD1 和 DIMSD2。

（2）"尺寸界线"选项组　用于确定尺寸界线的形式。其中主要选项的含义如下：

1）"颜色"下拉列表框：用于设置尺寸界线的颜色。

2）"线宽"下拉列表框：用于设置尺寸界线的宽度。AutoCAD 把其值保存在 DIMLWE 变量中。

3）"超出尺寸线"微调框：用于设置尺寸界线超出尺寸线的距离。相应的尺寸变量是 DI-MEXE。

4）"起点偏移量"微调框：用于设置尺寸界线的实际起始点相对于指定尺寸线起始点的偏移量。相应的尺寸变量是 DIMEXO。

5）"隐藏"复选框组：确定是否隐藏尺寸界线。勾选"尺寸界线 1"复选框表示隐藏第一段尺寸界线，勾选"尺寸界线 2"复选框表示隐藏第二段尺寸界线。相应的尺寸变量为 DIMSE1 和 DIMSE2。

6）"固定长度的尺寸界线"复选框：勾选该复选框，系统以固定长度的尺寸界线标注尺寸。可以在下方的"长度"微调框中输入长度值。

（3）尺寸样式显示框　在"新建标注样式"对话框的右上方是一个尺寸样式显示框，该框以样例的形式显示用户设置的尺寸样式。

📖 6.1.3　文字

在"新建标注样式"对话框中，第 3 个选项卡是"文字"选项卡，如图 6-7 所示。在该选项卡中可设置尺寸文字的形式、位置和对齐方式等。

图 6-7　"新建标注样式"对话框的"文字"选项卡

（1）"文字外观"选项组

1）"文字样式"下拉列表框：用于选择当前尺寸文字采用的文本样式。可在下拉列表中选择一个样式，也可单击右侧的按钮▢，打开"文字样式"对话框，以创建新的文字样式或对文字样式进行修改。AutoCAD 将当前文字样式保存在 DIMTXSTY 系统变量中。

2）"文字颜色"下拉列表框：用于设置尺寸文本的颜色。其操作方法与设置尺寸线颜色的方法相同。与其对应的尺寸变量是 DIMCLRT。

3）"文字高度"微调框：用于设置尺寸文本的字高。相应的尺寸变量是 DIMTXT。如果选用的文字样式中已设置了具体的字高（不是 0），则此处的设置无效；如果文字样式中设置的字高为 0，则以此处的设置为准。

4）"分数高度比例"微调框：用于确定尺寸文本的比例因数。相应的尺寸变量是 DIMT-FAC。

5）"绘制文字边框"复选框：勾选此复选框，AutoCAD 将在尺寸文本的周围加上边框。

（2）"文字位置"选项组

1）"垂直"下拉列表框：用于确定尺寸文本相对于尺寸线在垂直方向的对齐方式。相应的尺寸变量是 DIMTAD。在该下拉列表框可选择的对齐方式有以下 5 种：

- 居中：将尺寸文本放在尺寸线的中间。此时 DIMTAD=0。
- 上：将尺寸文本放在尺寸线的上方。此时 DIMTAD=1。
- 外部：将尺寸文本放在远离第一条尺寸界线起点的位置。即和所标注的对象分列于尺寸线的两侧。此时 DIMTAD=2。
- JIS：使尺寸文本的放置符合 JIS（日本工业标准）规定。此时 DIMTAD=3。
- 下方：将标注文字放在尺寸线下方。

其中 4 种文本布置方式如图 6-8 所示。

　a）居中　　　　　b）上　　　　　c）外部　　　　　d）JIS

图 6-8　尺寸文本在垂直方向的放置

2）"水平"下拉列表框：用于确定尺寸文本相对于尺寸线和尺寸界线在水平方向的对齐方式。相应的尺寸变量是 DIMJUST。在下拉列表中可选择的对齐方式有居中、第一条尺寸界线、第二条尺寸界线、第一条尺寸界线上方和第二条尺寸界线上方 5 种，如图 6-9 所示。

3）"从尺寸线偏移"微调框：当尺寸文本放在断开的尺寸线中间时，此微调框用来设置尺寸文本与尺寸线之间的距离（尺寸文本间隙）。这个值保存在尺寸变量 DIMGAP 中。

（3）"文字对齐"选项组　用来控制尺寸文本排列的方向。当尺寸文本在尺寸界线之内时，与其对应的尺寸变量是 DIMTIH；当尺寸文本在尺寸界线之外时，与其对应的尺寸变量是 DIMTOH。

1）"水平"单选按钮：尺寸文本沿水平方向放置。不论标注什么方向的尺寸，尺寸文本总保持水平。

2）"与尺寸线对齐"单选按钮：尺寸文本沿尺寸线方向放置。

3）"ISO标准"单选按钮：当尺寸文本在尺寸界线之间时，沿尺寸线方向放置；在尺寸界线之外时，沿水平方向放置。

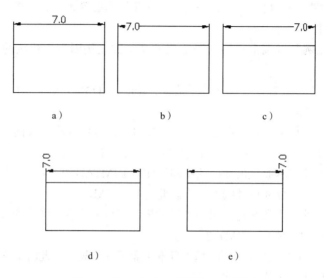

图 6-9　尺寸文本在水平方向的放置

6.2　标注尺寸

尺寸标注是设计绘图工作中非常重要的一个环节，可通过执行命令来实现，也可利用菜单或工具栏来实现。本节将重点介绍如何对各种类型的尺寸进行标注。

6.2.1　线性标注

【执行方式】

命令行：DIMLINEAR（缩写名 DIMLIN）

菜单：标注→线性

工具栏：标注→线性⊢¬

功能区：单击"默认"选项卡"注释"面板中的"线性"按钮⊢¬（见图 6-10），或者单击"注释"选项卡"标注"面板中的"线性"按钮⊢¬（见图 6-11）

【操作格式】

命令：DIMLIN ✓
指定第一个尺寸界线原点或 <选择对象>:

图 6-10 "注释"面板

图 6-11 "标注"面板

【选项说明】

在此提示下有两种选择，即直接按 Enter 键选择要标注的对象，或者确定尺寸界线的原点。

（1）直接按 Enter 键 光标变为拾取框，并且在命令行提示：

选择标注对象：

用拾取框选择要标注尺寸的线段，命令行提示如下：

指定尺寸线位置或 [多行文字 (M)/ 文字 (T)/ 角度 (A)/ 水平 (H)/ 垂直 (V)/ 旋转 (R)]：

各选项的含义如下：

1）指定尺寸线位置：用于确定尺寸线的位置。移动鼠标选择适当的尺寸线位置，然后按

Enter 键或单击，AutoCAD 将自动测量所标注线段的长度并标注出相应的尺寸。

2）多行文字（M）：用多行文字编辑器确定尺寸文本。

3）文字（T）：在命令行提示下输入或编辑尺寸文本。选择此选项后，AutoCAD 提示：

输入标注文字 < 默认值 >：

其中的默认值是 AutoCAD 自动测量得到的被标注线段的长度，直接按 Enter 键即可采用此长度值，也可输入其他数值代替默认值。当尺寸文本中包含默认值时，可使用尖括号"< >"表示默认值。

4）角度（A）：用于确定尺寸文本的倾斜角度。

5）水平（H）：用于水平标注尺寸。无论标注什么方向的线段，尺寸线均水平放置。

6）垂直（V）：用于垂直标注尺寸。无论被标注线段沿什么方向，尺寸线总保持垂直。

7）旋转（R）：用于输入尺寸线旋转的角度值，旋转标注尺寸。

（2）指定第一个尺寸界线原点 指定第一条与第二条尺寸界线的起始点。

6.2.2 对齐标注

【执行方式】

命令行：DIMALIGNED

菜单：标注→对齐

工具栏：标注→对齐

功能区：单击"默认"选项卡"注释"面板中的"对齐"按钮，或者单击"注释"选项卡"标注"面板中的"对齐"按钮。

【操作格式】

命令：DIMALIGNED ✓
指定第一个尺寸界线原点或 < 选择对象 >：
指定第二条尺寸界线原点：✓
指定尺寸线位置或 [多行文字 (M)/ 文字 (T)/ 角度 (A)]：
标注文字 = 2.81

利用该命令标注的尺寸线与所标注的轮廓线平行，标注的是起始点到终点之间的距离。

6.2.3 基线标注

基线标注用于产生一系列基于同一条尺寸界线的尺寸标注，适用于长度尺寸标注、角度标注和坐标标注等。在使用基线标注方式之前，应该先标注出一个相关的尺寸。

【执行方式】

命令行：DIMBASELINE

菜单：标注→基线

工具栏：标注→基线

功能区：单击"注释"选项卡"标注"面板中的"基线"按钮

命令：DIMBASELINE ✓
指定第二个尺寸界线原点或 [选择 (S)/ 放弃 (U)] < 选择 > ：

（1）指定第二个尺寸界线原点　直接确定另一个尺寸的第二条尺寸界线的起点，AutoCAD
以上次标注的尺寸为基准标注出相应尺寸。

（2）< 选择 >　在上述提示下直接按 Enter 键，AutoCAD 提示：

选择基准标注 : (选择作为基准的尺寸标注)

6.2.4　连续标注

连续标注又叫尺寸链标注，用于产生一系列连续的尺寸标注，后一个尺寸标注把前一个标
注的第二条尺寸界线作为它的第一条尺寸界线。连续标注适用于长度尺寸标注、角度标注和坐
标标注等。在使用连续标注方式之前，应该先标注出一个相关的尺寸。

命令行：DIMCONTINUE
菜单：标注→连续
工具栏：标注→连续
功能区：单击"注释"选项卡"标注"面板中的"连续"按钮

命令：DIMCONTINUE ✓
指定第二条尺寸界线原点或 [放弃（U）/ 选择（S）] < 选择 > ：
在此提示下的各选项与基线标注中的完全相同，不再赘述。
连续标注如图 6-12 所示。

图 6-12　连续标注

6.3　引线标注

AutoCAD 提供了引线标注功能，利用该功能不仅可以标注特定的尺寸，如圆角、倒角等，
还可以在图中添加多行旁注、说明。在引线标注中，引线可以是折线，也可以是曲线，引线端
部可以有箭头，也可以没有箭头。

利用 QLEADER 命令可快速生成引线及注释，而且可以通过命令行优化对话框进行用户自
定义，由此可以消除不必要的命令行提示，提高工作效率。

【执行方式】

命令行：QLEADER

【操作格式】

命令：QLEADER ✓
指定第一个引线点或 [设置 (S)] < 设置 > :

【选项说明】

（1）指定第一个引线点　在上面的提示下确定一点作为引线的第一点。AutoCAD 提示：

指定下一点 : (输入引线的第二点)
指定下一点 : (输入引线的第三点)

AutoCAD 提示用户输入的点的数目由图 6-13 所示的"引线设置"对话框确定。输入完引线的点后 AutoCAD 提示：

指定文字宽度 <0.0000>: (输入多行文字的宽度)
输入注释文字的第一行 < 多行文字 (M)> :

1）输入注释文字的第一行。系统继续提示：

输入注释文字的下一行 : (输入另一行文本)
输入注释文字的下一行 : (输入另一行文本或按 Enter 键)

2）< 多行文字（M）>。打开多行文字编辑器，可输入、编辑多行文字。输入全部注释文本后，在此提示下直接按 Enter 键，AutoCAD 结束 QLEADER 命令并把多行文本标注在引线的末端附近。

（2）< 设置 >　在上面提示下直接按 Enter 键或键入"S"，AutoCAD 将打开如图 6-13 所示的"引线设置"对话框，允许对引线标注进行设置。该对话框包含"注释""引线和箭头""附着"3 个选项卡，下面分别进行介绍。

1）"注释"选项卡，如图 6-13 所示。在该选项卡中可设置引线标注中的注释类型、多行文字的格式并确定注释文本是否多次使用。

2）"引线和箭头"选项卡，如图 6-14 所示。在该选项卡中可设置引线标注中引线和箭头的形式。"点数"选项组用于设置点的数目。例如，设置点数为 3，执行 QLEADER 命令时，当用户在提示下指定 3 个点后，AutoCAD 会自动提示用户输入注释文本。注意，设置的点数要比用户希望的引线数多 1。可利用微调框进行设置，如果勾选"无限制"复选框，AutoCAD 会一直提示用户指定点直到连续按 Enter 键两次为止。"角度约束"选项组用于设置"第一段"和"第二段"引线的角度约束。

图 6-13　"引线设置"对话框

3）"附着"选项卡，如图 6-15 所示。在该对话框中可设置注释文本和引线的相对位置。如果最后一段引线指向右侧，AutoCAD 会自动把注释文本放在右侧；如果最后一段引线指向左边，AutoCAD 会自动把注释文本放在左侧。利用该选项卡中左侧或右侧的单选按钮，可分别设置位于左侧或右侧的注释文本与最后一段引线的相对位置，二者可相同也可不同。

图 6-14 "引线和箭头"选项卡

图 6-15 "附着"选项卡

6.4 综合实例——变电站避雷针布置图尺寸标注

本例是对第 5 章综合实例中绘制的变电站避雷针布置图进行尺寸标注，结果如图 6-16 所示。在本例中将用到尺寸样式设置、线性尺寸标注、对齐尺寸标注、直径尺寸标注以及文字标注等操作。

图 6-16 35kV 变电站避雷针布置图

打开随书电子资料包中的"源文件\5\变电站雷针布置图"。

01 设置标注样式。

❶ 单击"默认"选项卡"注释"面板中的"标注样式"按钮 ⊭，弹出"标注样式管理器"对话框，如图6-17所示。单击"新建"按钮，弹出"创建新标注样式"对话框，设置"新样式名"为"避雷针布置图标注样式"，如图6-18所示。

❷ 单击"继续"按钮，打开"新建标注样式：避雷针布置图标注样式"对话框。选择"线"选项卡，设置"基线间距"为3.75、"超出尺寸线"为2，如图6-19所示。

❸ 选择"符号和箭头"选项卡，设置"箭头大小"为2.5，如图6-20所示。

❹ 选择"文字"选项卡，设置"文字高度"为2.5、"从尺寸线偏移"为0.625，"文字对齐"采用"与尺寸线对齐"，如图6-21所示。

图6-17 "标注样式管理器"对话框

图6-18 "创建新标注样式"对话框

图6-19 设置"线"选项卡

图 6-20　设置"符号和箭头"选项卡

❺ 设置完毕后，回到"标注样式管理器"对话框。单击"置为当前"按钮，将新建的"避雷针布置图标注样式"设置为当前使用的标注样式。单击"新建"按钮，打开"创建新标注样式"对话框，在"用于"下拉列表中选择"直径标注"，如图 6-22 所示。

图 6-21　设置"文字"选项卡

图 6-22　"创建新标注样式"对话框

❻ 单击"继续"按钮，打开"新建标注样式"对话框。其中有 6 个选项卡，可对新建的"直径标注样式"进行设置。

（02）标注尺寸。

❶ 单击"默认"选项卡"注释"面板中的"线性"按钮 ⊢─⊣，标注线性尺寸 1.65 和 28.2，结果如图 6-23a 所示。

| a) | b) | c) |

图 6-23 尺寸标注

❷ 单击"默认"选项卡"注释"面板中的"线性"按钮⊢⊣，标注线性尺寸 2.7、1.9、4.6 和 4.6。

❸ 单击"默认"选项卡"注释"面板中的"对齐"按钮╲，对齐图中的各个尺寸，结果如图 6-23b 所示。

❹ 单击"默认"选项卡"注释"面板中的"直径"按钮◯，标注图形中各个圆的直径，结果如图 6-23c 所示。

(03) 添加文字。

❶ 创建文字样式。单击"默认"选项卡"注释"面板中的"文字样式"按钮Ａ，弹出"文字样式"对话框，创建一个样式名为"避雷针平面图"的文字样式，设置"字体名"为"仿宋_GB2312"、"字体样式"为"常规"、"高度"为 2、"宽度因子"为 0.7，如图 6-24 所示。

图 6-24 "文字样式"对话框

❷ 添加注释文字。单击"默认"选项卡"注释"面板中的"多行文字"按钮 Ａ，一次输入几行文字，然后调整其位置，使文字对齐。调整文字位置时可结合使用"正交"命令。

❸ 使用多行文字编辑器修改文字，结果如图 6-16 所示。

6.5　上机实验

实验　绘制如图 6-25 所示的电缆分支箱

操作提示

1）利用"图层"命令设置 4 个图层。

2）利用绘图命令和编辑命令绘制各部分。

3）利用"多行文字"命令和"尺寸标注"命令标注文字和尺寸。

图 6-25　电缆分支箱

6.6　思考与练习

1. 绘制如图 6-26 所示的局部电气图。

环网柜引来高压电缆

YJV-10kV-3×120mm^2

R≤4Ω

1#SC9-1600kVA-10/0.4

图 6-26　局部电气图

2. 绘制如图 6-27 所示的电气元件表。

3. 在 AutoCAD 中尺寸标注的类型有哪些?

4. 什么是标注样式?简述标注样式的作用。

5. 如何设置尺寸线的间距、尺寸界线的超出量和尺寸文本的方向？

6. 编辑尺寸标注主要有哪些方法？

配电柜编号		1P1	1P2	1P3	1P4	1P5
配电柜型号		GCK	GCK	GCJ	GCJ	GCK
配电柜柜宽		1000	1800	1000	1000	1000
配电柜用途		计量进线	干式稳压器	电容补偿柜	电容补偿柜	馈电柜
主要元件	隔离开关			QSA-630/3	QSA-630/3	
	断 路 器	AE-3200A/4P	AE-3200A/3P	CJ20-63/3	CJ20-63/3	AE-1600AX2
	电流互感器	3×LMZ2-0.66-2500/5 4×LMZ2-0.66-3000/5	3×LMZ2-0.66-3000/5	3×LMZ2-0.66-500/5	3×LMZ2-0.66-500/5	6×LMZ2-0.66-1500/5
	仪表规格	DTF-224 1级 6L2-A×3 DXF-226 2级 6L2-V×1	6L2-A×3	6L2-A×3 6L2-COSΦ	6L2-A×3	6L2-A
负荷名称/容量		SC9-1600KVA	1600KVA	12X30=360KVAR	12X30=360KVAR	
母线及进出线电缆		母线槽FCM-A-3150A		配十二步自动投切	与主柜联动	

图 6-27 电气元件表

第 **7** 章

辅助绘图工具

在设计绘图过程中，有些图形经常会多次用到，如机械设计中的螺钉和螺母、建筑设计中的桌椅和门窗等。这些图形如果每次都重新绘制，不仅要做大量的重复工作，而且存储这些图形及其信息也会占据相当大的磁盘空间。利用图块、设计中心和工具选项板，采用模块化作图的模式，不仅可避免大量的重复工作，提高绘图速度和工作效率，而且可大大节省磁盘空间。本章将介绍图块、设计中心和工具选项板等知识。

◎ 图块操作
◎ 图块的属性
◎ 设计中心
◎ 工具选项板

7.1 图块操作

图块也叫块，它是由一组图形对象组成的集合。一组图形对象一旦被定义为图块，它们将成为一个整体，拾取图块中任意一个图形对象即可选择构成图块的所有对象。AutoCAD 把一个图块作为一个对象进行编辑、修改等操作，用户可根据绘图需要把图块插入到图中任意指定的位置，而且在插入时还可以指定不同的缩放比例和旋转角度。如果需要对组成图块的单个图形对象进行修改，还可以利用"分解"命令把图块分解成若干个对象。图块还可以重新定义，一旦被重新定义，整个图中基于该图块的对象都将随之改变。

7.1.1 定义图块

【执行方式】

命令行：BLOCK

菜单：绘图→块→创建

工具栏：绘图→创建块

功能区：单击"默认"选项卡"块"面板中的"创建"按钮（见图 7-1），或者单击"插入"选项卡"块定义"面板中的"创建块"按钮（见图 7-2）

图 7-1　"块"面板

图 7-2　"块定义"面板

【操作格式】

命令：BLOCK ✓

选择相应的菜单命令，或者单击相应的工具栏图标，或者在命令行输入"BLOCK"后按 Enter 键，系统打开如图 7-3 所示的"块定义"对话框。利用该对话框可定义图块并为之命名。

图 7-3 "块定义"对话框

（1）"基点"选项组　用于确定图块的基点。基点的默认坐标是（0，0，0），也可以在下面的 X（Y、Z）文本框中输入块的基点坐标值。单击"拾取点"按钮，切换到作图屏幕，用鼠标在图形中拾取一点后返回"块定义"对话框，AutoCAD 把所拾取的点作为图块的基点。

（2）"对象"选项组　用于选择制作图块的对象以及对象的相关属性。例如，把图 7-4a 中的正五边形定义为图块，图 7-4b 所示为选择"删除"单选按钮的结果，图 7-4c 所示为选择"保留"单选按钮的结果。

（3）"设置"选项组　指定从 AutoCAD 设计中心拖动图块时用于测量图块的单位，以及缩放、分解和超链接等设置。

（4）"在块编辑器中打开"复选框　勾选此复选框，系统打开"块编辑器"，可以定义动态块。

（5）"方式"选项组　用于指定块的行为，如指定块是否为注释性，指定在图纸空间视口中的块参照的方向与布局的方向匹配，指定是否将块参照按统一比例缩放，指定块参照是否可以被分解。

图 7-4 选择不同"对象"选项的操作结果

7.1.2 图块的存盘

用 BLOCK 命令定义的图块保存在其所属的图形当中，该图块只能在其所属的图形中插入，而不能插入到其他的图中。但是有些图块在许多图中要经常用到，这时可以用 WBLOCK 命令把图块以图形文件的形式（扩展名为 .DWG）写入磁盘。图形文件可以在任意图形中用 INSERT 命令插入。

命令行：WBLOCK

功能区：单击"插入"选项卡"块定义"面板中的"写块"按钮

命令：WBLOCK ✓

在命令行输入"WBLOCK"后按 Enter 键，系统打开"写块"对话框，如图 7-5 所示。利用此对话框可把图形对象保存为图形文件或把图块转换成图形文件。

图 7-5 "写块"对话框

（1）"源"选项组　用于确定要保存为图形文件的图块或图形对象。选择"块"单选按钮，单击右侧的下三角按钮，在下拉列表中选择一个图块，可将其保存为图形文件。选择"整个图形"单选按钮，则把当前的整个图形保存为图形文件。选择"对象"单选按钮，则把不属于图块的图形对象保存为图形文件。对象的选择可通过"对象"选项组来完成。

（2）"目标"选项组　用于指定图形文件名、保存路径和插入单位等。

7.1.3　实例——创建灯图块

本例将把灯图形定义为图块，取名为"deng"并保存。

01 单击"默认"选项卡"绘图"面板中的"圆"按钮 ⊙ 和"直线"按钮 ╱，绘制灯图形，如图 7-6 所示。

02 单击"默认"选项卡"块"面板中的"创建"按钮 ⊑，打开"块定义"对话框。

03 在"名称"下拉列表中输入"deng"。

04 单击"拾取点"按钮，切换到绘图区，选择圆心为插入基点，返回"块定义"对话框。

05 单击"选择对象"按钮 ▦，切换到绘图区，选择图 7-6 所示的对象后，按 Enter 键返回"块定义"对话框。

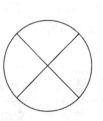

图 7-6　灯图形

06 单击"确定"按钮，关闭对话框。

07 在命令行输入"WBLOCK"命令，系统打开"写块"对话框。在"源"选项组中选择"块"单选按钮，在其右侧的下拉列表中选择"deng"图块，并进行其他相关设置，单击"确定"按钮。

7.1.4 图块的插入

在利用 AutoCAD 绘图的过程当中，可根据需要随时把已经定义好的图块或图形文件插入到当前图形的任意位置，在插入的同时还可以改变图块的大小，旋转图块的角度或把图块分解等。插入图块的方法有多种，本节将逐一介绍。

【执行方式】

命令行：INSERT

菜单：插入→块

工具栏：插入→插入块 🔲 或绘图→插入块 🔲

功能区：单击"默认"选项卡"块"面板上"插入"下拉菜单中的按钮，或单击"插入"选项卡"块"面板上"插入"下拉菜单中的按钮（见图 7-7）

【操作格式】

图 7-7 "插入"下拉菜单

命令：INSERT ✓

在"插入"下拉菜单中选择"最近使用的块"命令，系统弹出"块"选项板，如图 7-8 所示。在其中可以指定要插入的图块及插入位置。

图 7-8 "块"选项板

163

【选项说明】

（1）"插入点"复选框　用于指定插入点。插入图块时该点与图块的基点重合。可以在绘图区中指定插入点，也可以通过后面的 X（Y、Z）文本框输入插入点坐标值。

（2）"比例"复选框　用于确定插入图块时的缩放比例。当图块被插入到当前图形中时，可以以任意比例放大或缩小，如图 7-9 所示。其中，图 7-9a 所示为被插入的图块，图 7-9b 所示为取比例因数为 1.5 插入该图块的结果，图 7-9c 所示为取比例因数为 0.5 插入该图块的结果，而且 X 轴方向和 Y 轴方向的比例因数也可以不同，如图 7-9d 所示为 X 轴方向的比例因数为 1、Y 轴方向的比例因数为 1.5。另外，比例因数还可以是一个负数，当其为负数时插入图块的效果如图 7-10 所示。

　　　　a)　　　　　　　b)　　　　　　c)　　　　d)

图 7-9　以不同比例因数插入图块的效果

　　a）X 比例 =1，Y 比例 =1　　　　　　　b）X 比例 =-1，Y 比例 =1

　　c）X 比例 =1，Y 比例 =-1　　　　　　d）X 比例 =-1，Y 比例 =-1

图 7-10　比例因数为负数时插入图块的效果

（3）"旋转"复选框　用于指定插入图块时的旋转角度。当图块被插入到当前图形中时，可以绕其基点旋转一定的角度，角度可以是正数（表示沿逆时针方向旋转），也可以是负数（表示沿顺时针方向旋转）。例如，图 7-11a 所示为要插入的图块，图 7-11b 所示为图块旋转 30° 插入的效果，图 7-11c 所示为图块旋转 -30° 插入的效果。

如果在"块"选项板中勾选"旋转"复选框，则系统切换到绘图区。在绘图区中拾取一点作为插入点，再指定一点，AutoCAD 自动测量插入点和该点连线与 X 轴正方向之间的夹角，并把它作为块的旋转角度。也可以在"角度"文本框中直接输入插入图块时的旋转角度。

（4）"分解"复选框　勾选此复选框，则在插入块的同时将其分解。此时，插入到图形中的组成块的对象不再是一个整体，可对每个对象单独进行编辑操作。

a)　　　　　　　　b)　　　　　　　　c)

图 7-11　以不同旋转角度插入图块的效果

7.1.5　动态块

利用动态块功能，用户在操作时可以轻松地更改图形中的动态块参照。可以通过自定义夹点或自定义特性来操作动态块参照中的几何图形，这使得用户可以根据需要在位调整块，而不用插入一个新块或重定义现有的块。

可以使用"块编辑器"创建动态块。"块编辑器"是一个专门的编写区域，用于添加能够使块成为动态块的元素。用户可以从头开始创建块，也可以在现有的块定义中添加动态行为，还可以像在绘图区中一样创建几何图形。

【执行方式】

命令行：BEDIT

菜单：工具→块编辑器

工具栏：标准→块编辑器 🗔

快捷菜单：选择一个块参照，在绘图区中右击，在弹出的快捷菜单中选择"块编辑器"命令

功能区：单击"默认"选项卡"块"面板中的"编辑"按钮 🗔，或者单击"插入"选项卡"块定义"面板中的"块编辑器"按钮 🗔

【操作格式】

命令：BEDIT ✓

系统打开"编辑块定义"对话框，如图 7-12 所示。在"要创建或编辑的块"文本框中输入块名，或者在列表框中选择已定义的块或当前图形，系统打开"块编写选项板"和"块编辑器"选项卡，如图 7-13 所示。

图 7-12 "编辑块定义"对话框

图 7-13 "块编写选项板"和"块编辑器"选项卡

【选项说明】

1. 编写块选项板

（1）"参数"选项卡 提供用于向"块编辑器"中的动态块定义中添加参数的工具。参数用于指定几何图形在块参照中的位置、距离和角度。将参数添加到动态块定义中时，该参数将定义块的一个或多个自定义特性。此选项卡也可以通过 BPARAMETER 命令来打开。

1）点参数：用于向当前动态块定义中添加点参数，并定义块参照的自定义 X 和 Y 特性。可以将移动或拉伸动作与点参数相关联。

2）线性：用于向当前动态块定义中添加线性参数，并定义块参照的自定义距离特性。可以将移动、缩放、拉伸或阵列动作与线性参数相关联。

3）极轴参数：用于向当前的动态块定义中添加极轴参数，并定义块参照的自定义距离和角度特性。可以将移动、缩放、拉伸、极轴拉伸或阵列动作与极轴参数相关联。

4）XY：用于向当前动态块定义中添加 XY 参数，并定义块参照的自定义水平距离和垂直距离特性。可以将移动、缩放、拉伸或阵列动作与 XY 参数相关联。

5）旋转：用于向当前动态块定义中添加旋转参数，并定义块参照的自定义角度特性。只能将一个旋转动作与一个旋转参数相关联。

6）对齐：用于向当前的动态块定义中添加对齐参数。因为对齐参数影响整个块，所以不需要（或不可能）将动作与对齐参数相关联。

7）翻转：用于向当前的动态块定义中添加翻转参数，并定义块参照的自定义翻转特性。翻转参数用于翻转对象。在"块编辑器"中，翻转参数显示为投影线，可以围绕这条投影线翻转对象。翻转参数将显示一个值，该值显示块参照是否已被翻转。可以将翻转动作与翻转参数相关联。

8）可见性参数：用于向动态块定义中添加一个可见性参数，并定义块参照的自定义可见性特性。可见性参数允许用户创建可见性状态并控制对象在块中的可见性。可见性参数总是应用于整个块，并且无须与任何动作相关联。在图形中单击夹点，可以显示块参照中所有可见性状态的列表。在"块编辑器"中，可见性参数显示为带有关联夹点的文字。

9）查询参数：用于向动态块定义中添加一个查询参数，并定义块参照的自定义查询特性。查询参数用于定义自定义特性，用户可以指定或设置该特性，以便从定义的列表或表格中计算出某个值。该参数可以与单个查询夹点相关联。在块参照中单击查询夹点可以显示可用值的列表。在"块编辑器"中，查询参数显示为文字。

10）基点参数：用于向动态块定义中添加一个基点参数。基点参数用于定义动态块参照相对于块中的几何图形的基点。基点参数无法与任何动作相关联，但可以属于某个动作的选择集。在"块编辑器"中，基点参数显示为带有十字光标的圆。

（2）"动作"选项卡　提供用于向"块编辑器"中的动态块定义中添加动作的工具。动作定义了在图形中操作块参照的自定义特性时，动态块参照的几何图形将如何移动或变化。应将动作与参数相关联。此选项卡也可以通过 BACTIONTOOL 命令来打开。

1）移动动作：此操作可在用户将移动动作与点参数、线性参数、极轴参数或 XY 参数关联时，将该动作添加到动态块定义中。移动动作类似于 MOVE 命令。在动态块参照中，移动动作将使对象移动指定的距离和角度。

2）查询动作：此操作将向动态块定义中添加一个查询动作。将查询动作添加到动态块定义中并将其与查询参数相关联时，它将创建一个查询表，可以使用查询表指定动态块的自定义特性和值。

其他动作与上面各项类似，不再赘述。

（3）"参数集"选项卡　提供用于在"块编辑器"中向动态块定义中添加一个参数和至少一个动作的工具。将参数集添加到动态块中时，动作将自动与参数相关联。将参数集添加到动态块中后，双击黄色警示图标（或使用 BACTIONSET 命令），然后按照命令行上的提示可将动作与几何图形选择集相关联。此选项卡也可以通过 BPARAMETER 命令来打开。

1）点移动：此操作将向动态块定义中添加一个点参数。系统会自动添加与该点参数相关联的移动动作。

2）线性移动：此操作将向动态块定义中添加一个线性参数。系统会自动添加与该线性参数的端点相关联的移动动作。

3）可见性集：用于向动态块定义中添加一个可见性参数并允许定义可见性状态。无须添加与可见性参数相关联的动作。

4）查询集：用于向动态块定义中添加一个查询参数。系统会自动添加与该查询参数相关联的查询动作。

其他参数集与上面各项类似，不再赘述。

（4）"约束"选项卡　可将几何对象关联在一起，或者指定固定的位置或角度。其中各选项的含义可参见表4-5。

2. "块编辑器"选项卡

该选项卡提供了在"块编辑器"中使用、创建动态块以及设置可见性状态的工具。

1）编辑块 ：用于打开"编辑块定义"对话框。

2）保存块 ：用于保存当前块定义。

3）将块另存为 ：用于打开"将块另存为"对话框。可以在其中用一个新名称保存当前块定义的副本。

4）测试块 ：运行 BTESTBLOCK 命令，可从"块编辑器"打开一个外部窗口以测试动态块。

5）自动约束 ：运行 AUTOCONSTRAIN 命令，可根据对象相对于彼此的方向将几何约束应用于对象的选择集。

6）显示 / 隐藏 ：运行 CONSTRAINTBAR 命令，可显示或隐藏对象上的可用几何约束。

7）块表 ：运行 BTABLE 命令，可打开"块特性表"对话框以定义块的变量。

8）参数管理器 ："参数管理器"处于未激活状态时执行 PARAMETERS 命令。否则，将执行 PARAMETERSCLOSE 命令。

9）编写选项板 ："编写选项板"处于未激活状态时执行 BAUTHORPALETTE 命令。否则，将执行 BAUTHORPALETTECLOSE 命令。

10）属性定义 ：用于打开"属性定义"对话框。从中可以定义模式、属性标记、提示、值、插入点和属性的文字选项。

11）可见性模式 ：用于设置 BVMODE 系统变量，可以使当前可见性状态下不可见的对象变暗或隐藏。

12）使可见 ：运行 BVSHOW 命令，可以使对象在当前可见性状态或所有可见性状态下均可见。

13）使不可见 ：运行 BVHIDE 命令，可以使对象在当前可见性状态或所有可见性状态下均不可见。

14）可见性状态 ：用于打开"可见性状态"对话框。从中可以创建、删除、重命名和设置当前可见性状态。在列表框中选择一种状态，右击，选择快捷菜单中的"新状态"命令，打开"新建可见性状态"对话框，可以设置可见性状态。

15）关闭块编辑器 ：运行 BCLOSE 命令，可关闭"块编辑器"，并提示用户保存或放弃对当前块定义所做的任何更改。

注意

在动态块中，由于属性的位置包含在动作的选择集中，因此必须将其锁定。

7.2 图块的属性

图块除了包含图形对象以外，还可以具有非图形信息。例如，把一个椅子的图形定义为图块后，还可把椅子的号码、材料、重量、价格以及说明等文本信息一并加入到图块当中。图块的这些非图形信息称为图块的属性，它是图块的一个组成部分，与图形对象一起构成一个整体，在插入图块时 AutoCAD 会把图形对象连同属性一起插入到图形中。

7.2.1 定义图块属性

【执行方式】

命令行：ATTDEF

菜单：绘图→块→定义属性

功能区：单击"默认"选项卡"块"面板中的"定义属性"按钮 ，或单击"插入"选项卡"块定义"面板中的"定义属性"按钮

【操作格式】

命令：ATTDEF ↙

选择相应的菜单项或在命令行输入"ATTDEF"后按 Enter 键，打开"属性定义"对话框，如图 7-14 所示。

图 7-14 "属性定义"对话框

【选项说明】

（1）"模式"选项组　用于确定属性的模式。

1）"不可见"复选框：勾选此复选框，则属性不显示，即插入图块并输入属性值后，属性值在图中并不显示出来。

2）"固定"复选框：勾选此复选框，则属性值为常量，即属性值在属性定义时给定，在插入图块时 AutoCAD 不再提示输入属性值。

3）"验证"复选框：勾选此复选框，当插入图块时，AutoCAD 重新显示属性值，让用户验证该值是否正确。

4）"预设"复选框：勾选此复选框，当插入图块时，AutoCAD 自动把事先设置好的默认值赋予属性，而不再提示输入属性值。

5）"锁定位置"复选框：锁定块参照中属性的位置。解锁后，属性可以相对于使用夹点编辑的块的其他部分移动，并且可以调整多行文字属性的大小。

6）"多行"复选框：用于指定属性值，可以包含多行文字。选定此选项后，可以指定属性的边界宽度。

（2）"属性"选项组　用于设置属性值。在每个文本框中，AutoCAD 允许输入不超过 256 个字符。

1）"标记"文本框：用于输入属性标签。属性标签可由除空格和感叹号以外的所有字符组成，AutoCAD 自动把小写字母改为大写字母。

2）"提示"文本框：用于输入属性提示。属性提示是插入图块时 AutoCAD 要求输入属性值的提示，如果不在此文本框内输入文本，则以属性标签作为提示。如果在"模式"选项组中勾选了"固定"复选框，即设置属性为常量，则不需设置属性提示。

3）"默认"文本框：用于设置默认的属性值。可把使用次数较多的属性值作为默认值，也可不设置默认值。

（3）"插入点"选项组　用于确定属性文本的位置。可以在插入时由用户在图形中指定属性文本的位置，也可在 X、Y、Z 文本框中直接输入属性文本的位置坐标。

（4）"文字设置"选项组　用于设置属性文本的对齐方式、文字样式、字高、旋转角度和边界宽度。

（5）"在上一个属性定义下对齐"复选框　勾选此复选框，表示把属性标签直接放在前一个属性的下面，而且该属性继承前一个属性的文字样式、字高和旋转角度等特性。

7.2.2　修改属性的定义

在定义图块之前，可以先对属性的定义加以修改，不仅可以修改属性标签，还可以修改属性提示和属性默认值。

【执行方式】

命令行：TEXTEDIT

菜单：修改→对象→文字→编辑

快捷方法：双击要修改的属性定义

【操作格式】

命令 : TEXTEDIT ✓
选择注释对象或 [放弃 (U)]:

在此提示下选择要修改的属性定义，系统打
开"编辑属性定义"对话框，如图 7-15 所示。在
该对话框中可对属性的"标记""提示""默认"
值进行修改。

7.2.3　图块属性编辑

当属性被定义到图块当中，甚至图块被插入

图 7-15　"编辑属性定义"对话框

到图形中之后，用户还可以对属性进行编辑。利用 ATTEDIT 命令，可以通过对话框对指定图
块的属性值进行修改；利用 EATTEDIT 命令，不仅可以修改属性值，而且可以对属性的位置、
文字等其他设置进行编辑。

【执行方式】

命令行 : EATTEDIT
菜单：修改→对象→属性→单个
工具栏：修改 II →编辑属性

【操作格式】

命令 : EATTEDIT ✓
选择块参照 :

选择块后，系统打开"增强属性编辑器"对话框，如图 7-16 所示。在该对话框中不仅可以
编辑属性值，还可以编辑属性的文字选项和图层、线型、颜色等特性值。

图 7-16　"增强属性编辑器"对话框

另外，还可以通过对话框来编辑属性。方法是在工具栏中选择"修改"→"对象"→"属
性"→"块属性管理器"命令，系统打开如图 7-17 所示的"块属性管理器"对话框，单击"编
辑"按钮，系统打开如图 7-18 所示的"编辑属性"对话框，通过该对话框编辑属性。

图 7-17　"块属性管理器"对话框　　　　　　　图 7-18　"编辑属性"对话框

7.3　设计中心

使用 AutoCAD 设计中心可以很容易地组织设计内容，并把它们拖拽到用户自己的图形中。使用 AutoCAD 设计中心窗口的内容显示区，可以观察用 AutoCAD 设计中心的资源管理器所浏览资源的细目，如图 7-19 所示。AutoCAD 设计中心的左侧为资源管理器，右侧为内容显示区，其中上方窗口为文件显示区，中间窗口为图形预览显示区，下方窗口为说明文本显示区。

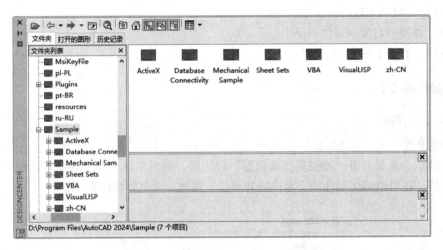

图 7-19　AutoCAD 设计中心的资源管理器和内容显示区

7.3.1　启动设计中心

【执行方式】

命令行：ADCENTER

菜单：工具→选项板→设计中心

工具栏：单击"标准"工具栏中的"设计中心"按钮▦

快捷键：Ctrl+2

功能区：单击"视图"选项卡"选项板"面板中的"设计中心"按钮▦

【操作格式】

命令：ADCENTER ✓

执行此命令后，系统打开设计中心。第一次启动设计中心时，默认打开的选项卡为"文件夹"。右侧的内容显示区采用大图标显示，左侧的资源管理器采用 tree view 显示方式，显示系统的树形结构，浏览资源的同时，在内容显示区显示所浏览资源的有关细目或内容。

可以用鼠标拖拽边框来改变 AutoCAD 设计中心资源管理器、内容显示区和 AutoCAD 绘图区的大小，但内容显示区的最小尺寸应能显示两列大图标。

如果要改变 AutoCAD 设计中心的位置，可在设计中心工具条的顶部用鼠标拖动它，松开鼠标后，AutoCAD 设计中心便处于当前位置。到新位置后，仍可以用鼠标改变各显示区的大小。也可以通过设计中心边框左侧下方的"自动隐藏"按钮来自动隐藏设计中心。

7.3.2 插入图块

图块可以插入到图形当中。当将一个图块插入到图形当中时，块定义也被复制到图形数据库当中。当一个图块被插入图形之后，如果原来的图块被修改，则插入到图形当中的图块也随之改变。

当其他命令正在执行时，不能插入图块到图形当中。例如，如果在提示行正在执行一个命令时插入块，光标会变成一个带斜线的圆，提示操作无效。另外，一次只能插入一个图块。AutoCAD 设计中心提供了插入图块的两种方法，即利用鼠标指定比例和旋转方式及精确指定坐标、缩放和旋转角度方式。

1. 利用鼠标指定比例和旋转方式插入图块

系统根据鼠标拖拽出的线段的长度与角度确定比例与旋转角度。插入图块的步骤如下：

1）从"文件夹列表"或查找结果列表中选择要插入的图块，按住鼠标左键将其拖拽到打开的图形。松开鼠标左键，被选择的对象即可被插入到当前打开的图形当中。利用当前设置的捕捉方式，可以将对象插入到任何存在的图形当中。

2）用鼠标指定一点作为插入点，移动鼠标，鼠标指针位置与插入点之间的距离为缩放比例。单击确定比例。采用同样方法移动鼠标，鼠标指针位置和插入点连线与水平线之间的角度为旋转角度。被选择的对象将根据鼠标指定的比例和角度插入到图形当中。

2. 精确指定坐标、比例和旋转角度插入图块

利用该方法可以设置插入图块的参数。具体方法如下：

1）从"文件夹列表"或查找结果列表中选择要插入的对象，拖动对象到打开的图形中。

2）右击，从弹出的如图 7-20 所示的快捷菜单中选择"缩放""旋转"等命令。

3）在相应的命令行提示下输入缩放和旋转角度等数值，即可将被选择的对象根据指定的参数插入到图形当中。

图 7-20　快捷菜单

7.3.3 图形复制

1. 在图形之间复制图块

利用 AutoCAD 设计中心可以浏览和装载需要复制的图块，然后将图块复制到剪贴板，利用剪贴板将图块粘贴到图形当中。具体方法如下：

1）在设计中心中的内容显示区选择需要复制的图块，右击打开快捷菜单，选择"复制"选项。

2）将图块复制到剪贴板上，然后通过"粘贴"命令粘贴到当前图形上。

2. 在图形之间复制图层

利用 AutoCAD 设计中心可以从任何一个图形复制图层到其他图形。如果已经绘制了一个包括设计所需的所有图层的图形，在绘制新图形时，可以通过 AutoCAD 设计中心将已有的图层复制到新建的图形当中，这样不仅可以节省时间，还可以保证图形间的一致性。

1）拖动图层到已打开的图形：确认要复制图层的目标图形文件已打开，并且是当前的图形文件，在设计中心中的内容显示区或查找结果列表中选择要复制的一个或多个图层，按住鼠标左键拖动图层到打开的图形文件，松开鼠标后被选择的图层即可被复制到打开的图形当中。

2）复制并粘贴图层到已打开的图形：确认要复制图层的目标图形文件已打开，并且是当前的图形文件，在设计中心中的内容显示区或查找结果列表中选择要复制的一个或多个图层，右击打开快捷菜单，在快捷菜单中选择"复制"命令，然后在要粘贴图层的目标图形文件中右击打开快捷菜单，在快捷菜单中选择"粘贴"命令。

7.4 工具选项板

"工具选项板"中提供了组织、共享和放置块及填充图案的工具。工具选项板还可以包含由第三方开发人员提供的自定义工具。

7.4.1 打开工具选项板

【执行方式】

命令行：TOOLPALETTES
菜单：工具→选项板→工具选项板
工具栏：标准→工具选项板窗口
快捷键：Ctrl+3
功能区：单击"视图"选项卡"选项板"面板中的"工具选项板"按钮

【操作格式】

命令：TOOLPALETTES ✓

系统自动打开"工具选项板"，如图 7-21 所示。

图 7-21　工具选项板

【选项说明】

在"工具选项板"中，系统设置了一些常用图形的选项卡，这些常用图形可以方便用户绘图。

 注意

在绘图中可以将常用命令添加到"工具选项板"。打开"自定义"对话框后，就可以将工具从工具栏拖到"工具选项板"上，或者将工具从"自定义用户界面（CUI）"编辑器拖到"工具选项板"上。

7.4.2　新建工具选项板

用户可以建立新工具选项板，这样有利于个性化作图，也能够满足特殊作图需要。

 【执行方式】

命令行：CUSTOMIZE
菜单：工具→自定义→工具选项板
快捷菜单：在任意工具选项板上右击，然后选择"自定义选项板"
工具选项板："特性"按钮 ✿→自定义选项板（或新建选项板）

 【操作格式】

命令：CUSTOMIZE ✓

系统打开"自定义"对话框，如图 7-22 所示。在"选项板"列表框中右击，打开快捷菜单，如图 7-23 所示。选择"新建选项板"选项，在对话框中可以为新建的工具选项板命名。确定后"工具选项板"中就增加了一个新的选项卡，如图 7-24 所示。

图 7-22　"自定义"对话框

图 7-23 快捷菜单   图 7-24 新增选项卡

📖 7.4.3 向工具选项板添加内容

1）将图形、块和图案填充从"设计中心"复制到"工具选项板"中。在"设计中心"DesignCenter 文件夹上右击，系统打开右键快捷菜单，从中选择"创建块的工具选项板"命令，如图 7-25a 所示，"设计中心"中存储的图元即可出现在"工具选项板"中新建的 DesignCenter 选项卡上，如图 7-25b 所示。这样就可以将"设计中心"与"工具选项板"结合起来，建立一个快捷方便的工具选项板。将"工具选项板"中的图形拖动到另一个图形中时，图形将作为块插入。

2）使用"剪切""复制"和"粘贴"命令将一个"工具选项板"中的工具移动或复制到另一个"工具选项板"中。

a)   b)

图 7-25 将"设计中心"中的存储图元复制到"工具选项板"

7.5 综合实例——绘制变电所电气原理图

本例分别讲解利用图块和设计中心及"工具选项板"辅助快速绘制电气图的一般方法。图 7-26 所示为变电所电气原理图，其绘制步骤为首先确定各主要部件在图中的位置，然后绘制电气元件图形符号，最后把绘制好的电气设备符号插入到相应的位置，并添加文字注释。

图 7-26　变电所电气原理图

7.5.1　图块辅助绘制方法

绘制变电所的电气原理图有两种方法：一种是绘制简单的系统图，表明变电所工作的大致原理；另一种是绘制详细阐述电气原理的接线图。本例先绘制系统图，再绘制电气主接线图。

01 配置绘图环境。

❶ 打开 AutoCAD 2024 软件，单击快速访问工具栏中的"新建"按钮，以"无样板打开 - 公制"创建一个新文件，并将其另存为"变电工程电气原理图"。

❷ 单击状态栏中的"栅格"按钮，或者按快捷键 F7，在绘图区中显示栅格，命令行中会提示"命令：< 栅格 开 >"。若想关闭栅格，可以再次单击状态栏中的"栅格"按钮，或者按快捷键 F7。

02 绘制图形符号。

❶ 绘制开关图形符号。

1）单击"默认"选项卡"绘图"面板中的"直线"按钮 ╱，在"正交"方式下绘制一条竖线。命令行提示与操作如下：

```
命令：_line
指定第一个点：400,400
指定下一点或 [ 放弃 (U)]：< 正交 开 > 50( 向下 )
指定下一点或 [ 放弃 (U)]：
```

结果如图 7-27 所示。

2）单击菜单栏中的"工具"→"绘图设置"按钮，在弹出的"草图设置"对话框中选择

"极轴追踪"选项卡，设置"增量角"为30°，如图 7-28 所示。

3）单击"默认"选项卡"绘图"面板中的"直线"按钮 ／，命令行提示与操作如下：

命令：_line
指定第一个点：400, 370
指定下一点或 [放弃 (U)]: < 极轴 开 > 20
指定下一点或 [放弃 (U)]: per 到 (捕捉竖直线上的垂足)
指定下一点或 [闭合 (C)/ 放弃 (U)]:

结果如图 7-29 所示。

4）单击"默认"选项卡"修改"面板中的"移动"按钮 ✛，将刚绘制的直线向右移动。命令行提示与操作如下：

命令：_move
选择对象：找到 1 个
指定基点或 [位移 (D)]< 位移 >: D
指定位移 <0.0000, 0.0000, 0.0000>: @5, 0

图 7-27　绘制竖直直线　　　　图 7-28　"草图设置"对话框　　　　图 7-29　绘制折线 1

结果如图 7-30 所示。

5）单击"默认"选项卡"修改"面板中的"修剪"按钮 ✂，对图 7-30 中的竖直线进行修剪，完成隔离开关图形符号的绘制，结果如图 7-31 所示。

图 7-30　平移线段　　　　　　　图 7-31　绘制隔离开关图形符号

6）单击"默认"选项卡"绘图"面板中的"直线"按钮 ／，命令行提示与操作如下：

命令：_line
指定第一个点：(选择竖直线的下端点)
指定下一点或 [放弃 (U)]: < 正交开 >10
指定下一点或 [放弃 (U)]: < 正交开 >40
指定下一点或 [放弃 (U)]: ✓ (按 Enter 键)

结果如图 7-32 所示。

7）单击"默认"选项卡"绘图"面板中的"直线"按钮／，命令行提示与操作如下：

命令：_line
指定第一个点：(选择竖直线的下端点)
指定下一点或 [放弃 (U)]: < 极轴开 >5
指定下一点或 [放弃 (U)]: ✓ (按 Enter 键)

结果如图 7-33 所示。

8）单击"默认"选项卡"修改"面板中的"镜像"按钮△，将绘制的斜线以竖直线为轴进行镜像处理，结果如图 7-34 所示。

图 7-32　绘制折线 2　　　　　图 7-33　绘制斜线　　　　　图 7-34　镜像斜线

9）单击"默认"选项卡"修改"面板中的"复制"按钮，在"正交"方式下将图 7-34 中的"↓"图形向左方复制，结果如图 7-35 所示。

10）单击"默认"选项卡"绘图"面板中的"直线"按钮／，绘制矩形，完成开关图形符号的绘制，结果如图 7-36 所示。

❷ 绘制熔断器隔离开关图形符号。

1）复制隔离开关图形符号，如图 7-37 所示。

图 7-35　复制图形　　　图 7-36　绘制开关图形符号　　　图 7-37　复制隔离开关图形符号

2）单击"默认"选项卡"修改"面板中的"偏移"按钮，命令行提示与操作如下：

命令：_offset
当前设置：删除源 = 否 图层 = 源 OFFSETGAPTYPE=0
指定偏移距离或 [通过 (T)/ 删除 (E)/ 图层 (L)] < 通过 >:(指定斜线上一点)

指定第二点：(指定适当距离的另一点)

选择要偏移的对象，或 [退出 (E)/ 放弃 (U)] < 退出 >：(选择斜线)

指定要偏移的那一侧上的点，或 [退出 (E)/ 多个 (M)/ 放弃 (U)] < 退出 >：(指定一侧的点)

选择要偏移的对象，或 [退出 (E)/ 放弃 (U)] < 退出 >：(选择斜线)

指定要偏移的那一侧上的点，或 [退出 (E)/ 多个 (M)/ 放弃 (U)] < 退出 >：(指定另一侧的点)

选择要偏移的对象，或 [退出 (E)/ 放弃 (U)] < 退出 >：✓ (按 Enter 键)

结果如图 7-38 所示。

3）单击"默认"选项卡"绘图"面板中的"直线"按钮 ╱，命令行提示与操作如下：

命令：_line

指定第一个点：(指定偏移斜线下端点)

指定下一点或 [放弃 (U)]：(指定另一偏移斜线下端点)

指定下一点或 [放弃 (U)]：✓ (按 Enter 键)

采用同样方法，指定偏移斜线上一点为起点，捕捉另一偏移斜线上的垂足为终点，绘制斜线的垂线，结果如图 7-39 所示。

4）单击"默认"选项卡"修改"面板中的"修剪"按钮 ⊆，对图 7-39 中的图线进行修剪，完成熔断器隔离开关图形符号的绘制，结果如图 7-40 所示。

图 7-38　偏移斜线　　　　　图 7-39　绘制垂线　　　图 7-40　绘制熔断器隔离开关图形符号

❸ 绘制断路器图形符号。

1）复制隔离开关图形符号，如图 7-41 所示。

2）单击"默认"选项卡"修改"面板中的"旋转"按钮 ↻，将图 7-41 中的水平线段以其与竖线的交点为基点旋转 45°，结果如图 7-42 所示。

3）单击"默认"选项卡"修改"面板中的"镜像"按钮 ⚠，将旋转后的线段以竖线为轴进行镜像处理，完成断路器图形符号的绘制，结果如图 7-43 所示。

图 7-41　复制隔离开关图形符号　　　图 7-42　旋转水平线段　　　图 7-43　绘制断路器图形符号

❹ 绘制站用变压器图形符号。

1）单击"默认"选项卡"绘图"面板中的"圆"按钮 ⊙，绘制圆。命令行提示与操作如下：

命令：_circle
指定圆的圆心或 [三点 (3P)/ 两点 (2P)/ 切点、切点、半径 (T)]: 200, 200
指定圆的半径或 [直径 (D)]: 10
命令：_copy
选择对象：(选择圆)< 正交 开 > 找到 1 个
选择对象：
指定基点或 [位移 (D)] < 位移 >: 200, 200
指定第二个点或 < 使用第一个点作为位移 >: 18
指定第二个点或 [退出 (E)/ 放弃 (U)] < 退出 >:

结果如图 7-44 所示。

2）单击 "默认" 选项卡 "绘图" 面板中的 "直线" 按钮 ╱ , 绘制直线。命令行提示与操作如下：

命令：_line
指定第一个点：200, 200
指定下一点或 [放弃 (U)]: 8
指定下一点或 [放弃 (U)]:

3）单击 "默认" 选项卡 "修改" 面板中的 "环形阵列" 按钮 ⚬⚬⚬ , 环形阵列刚绘制的直线。命令行提示与操作如下：

命令：_arraypolar
选择对象：找到 1 个
选择对象：
类型 = 极轴 关联 = 是
指定阵列的中心点或 [基点 (B)/ 旋转轴 (A)]:
输入项目数或 [项目间角度 (A)/ 表达式 (E)] <4>: 3
指定填充角度 (+ = 逆时针、- = 顺时针) 或 [表达式 (EX)] <360>:
按 Enter 键接受或 [关联 (AS)/ 基点 (B)/ 项目 (I)/ 项目间角度 (A)/ 填充角度 (F)/ 行 (ROW)/ 层 (L)/ 旋转项目 (ROT)/ 退出 (X)] < 退出 >:

结果如图 7-45 所示。

4）单击 "默认" 选项卡 "修改" 面板中的 "复制" 按钮 ⚬⚬ , 在 "正交" 方式下将图 7-45 中的 "Y" 图形向下方复制, 完成站用变压器图形符号的绘制, 结果如图 7-46 所示。

5）单击 "默认" 选项卡 "块" 面板中的 "创建" 按钮 ⯆ , 将图 7-46 所示的图形创建为块。

6）在命令行输入 "WBLOCK" 命令, 系统打开 "写块" 对话框。在 "源" 选项组中选择 "块" 单选按钮, 在其右侧的下拉列表中选择 "站用变压器", 将其保存并确认退出。

图 7-44 绘制圆

图 7-45 绘制 "Y" 形

图 7-46 绘制站用变压器图形符号

❺ 绘制电压互感器图形符号。

1）单击"默认"选项卡"绘图"面板中的"圆"按钮⊙，绘制直径为 20 的圆。

2）单击"默认"选项卡"绘图"面板中的"多边形"按钮⬠，在所绘制的圆中选择一点绘制三角形。

3）单击"默认"选项卡"绘图"面板中的"直线"按钮╱，在"正交"方式下绘制一竖直直线，结果如图 7-47 所示。

4）单击"默认"选项卡"修改"面板中的"修剪"按钮✂，修剪图形，然后调用"删除"✎命令，删除直线，结果如图 7-48 所示。

5）单击"默认"选项卡"块"面板中的"插入"按钮🗔，在绘图区插入已绘制生成的"站用变压器"图块，结果如图 7-49 所示。调用图块能够大大缩短绘图时间，提高效率，在实际工作中有很大用处。一般设计人员都有一个自己专门的设计图库。

6）单击"默认"选项卡"修改"面板中的"移动"按钮✛，选择"站用变压器"图块，开启"对象捕捉"和"对象追踪"方式，将图 7-48 与图 7-49 结合起来，完成电压互感器图形符号的绘制，结果如图 7-50 所示。

| 图 7-47　绘制三角形和竖直直线 | 图 7-48　修剪及删除图线 | 图 7-49　插入"站用变压器"图块 | 图 7-50　绘制电压互感器图形符号 |

❻ 绘制电流互感器和无极性电容器图形符号。

1）单击"默认"选项卡"绘图"面板中的"圆"按钮⊙，绘制圆，如图 7-51 所示。然后调用"直线"命令，并开启"极轴追踪"和"对象捕捉"方式，在"正交"方式下绘制一条经过圆心的竖直直线，完成电流互感器图形符号的绘制，结果如图 7-52 所示。

2）绘制图 7-53 所示的无极性电容器图形符号。

图 7-51　绘制圆　　　图 7-52　绘制电流互感器图形符号　　　图 7-53　绘制无极性电容器图形符号

3）单击"默认"选项卡"块"面板中的"创建"按钮🗔，将图 7-52 所示的图形创建为块。

4）执行 WBLOCK 命令，打开"写块"对话框，如图 7-54 所示。拾取图 7-52 中的圆心为基点，以图 7-52 所示的图形为对象，输入图块名称并指定路径，确认后退出。

采用同样方法绘制其他电气符号，并保存为图块。

03 绘制电气主接线图。绘制完成的 10kV 变电所主接线图如图 7-55 所示。

❶ 绘制 10kV 母线。单击"默认"选项卡"绘图"面板中的"直线"按钮╱，绘制一条长为 1000 的直线，然后调用"偏移" ⊆ 命令，在"正交"方式下将刚画的直线向下平移 15，再次单击"直线"按钮╱，将直线两头连接并将线宽设置为 0.7，结果如图 7-56 所示。

❷ 绘制主变压器图形符号。

1）单击"默认"选项卡"绘图"面板中的"圆"按钮 ⊙，绘制一半径为 10 的圆，如图 7-57 所示。

2）单击"默认"选项卡"绘图"面板中的"直线"按钮╱，开启"极轴追踪"和"对象捕捉"方式，在"正交"方式下绘制一直线，如图 7-58 所示。

3）单击"默认"选项卡"修改"面板中的"复制"按钮 ❘❙，在"正交"方式下，在已绘制圆的下方复制一个圆，结果如图 7-59 所示。

图 7-54 "写块"对话框

图 7-55 10kV 变电所主接线图

图 7-56 绘制母线

4）单击"默认"选项卡"修改"面板中的"复制"按钮 ❘❙，在"正交"方式下拖动鼠标，将图 7-59 所示的图形在其左侧复制一个，结果如图 7-60 所示。

5）单击"默认"选项卡"修改"面板中的"镜像"按钮 ⚠，开启"极轴追踪"和"对象捕捉"方式，以原图直线端点为镜像线上一点，以该直线的另一端点为镜像线上另一点，将左侧的图形镜像到右侧，完成主变压器图形符号的绘制，结果如图 7-61 所示。

图 7-57　绘制圆　　图 7-58　绘制直线　　图 7-59　复制圆　　图 7-60　复制图形　　图 7-61　绘制主变
压器图形符号

6）将绘制好的图保存。

❸ 单击"插入"选项卡"块"面板中的"插入块"按钮，在当前绘图区依次插入已经创建的熔断器隔离开关、主变压器和开关图块，然后在当前绘图区中选择图块放置点，并调整图形缩放比例，结果如图 7-62 所示。调用已有的图块能够大大节省绘图工作量，提高绘图效率。

❹ 单击"默认"选项卡"修改"面板中的"复制"按钮，复制图 7-62 所示的图形，结果如图 7-63 所示。

图 7-62　插入图块

图 7-63　复制图形

❺ 用类似的方法绘制出 10kV 母线上方的器件。单击"默认"选项卡"修改"面板中的"镜像"按钮，将最左侧的图形向上镜像，结果如图 7-64 所示。

❻ 单击"默认"选项卡"绘图"面板中的"直线"按钮，在镜像到母线上方的图形的适当位置绘制一条水平直线，如图 7-65 所示。

❼ 单击"默认"选项卡"修改"面板中的"修剪"按钮，将水平直线上方多余的部分去掉，然后再调用"删除"命令，将刚才绘制的直线删除，结果如图 7-66 所示。

图 7-64　镜像图形

图 7-65　绘制水平直线

❽ 单击"默认"选项卡"修改"面板中的"移动"按钮✛，将图 7-66 所示图形在直线上面的部分向右平移，结果如图 7-67 所示。

图 7-66　剪切并删除图线

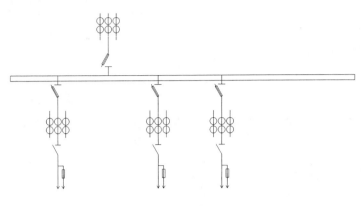

图 7-67　平移效果

❾单击"插入"选项卡"块"面板中的"插入块"按钮，在当前绘图区插入前面已经创建的主变压器图块，选择图块放置点并改变方向，然后绘制一矩形并将其放到直线适当位置上，结果如图 7-68 所示。

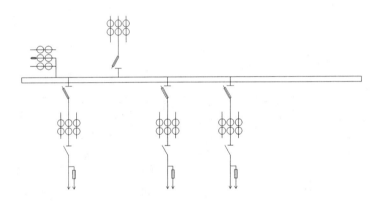

图 7-68　插入主变压器图块

❿采用类似方法绘制以下图形。

1）单击"默认"选项卡"修改"面板中的"复制"按钮，将母线下方的图形复制一个到最右侧，结果如图 7-69 所示。

图 7-69　复制图形

2）单击"默认"选项卡"修改"面板中的"删除"按钮 ✎，将刚复制的图形中的箭头去掉。单击"默认"选项卡"绘图"面板中的"直线"按钮 ╱ 和"默认"选项卡"绘图"面板中的"移动"按钮 ✥，选择适当的位置，在熔断器下方绘制一电容器符号，然后再单击"默认"选项卡"修改"面板中的"修剪"按钮 ✄，将电容器两极板间的线段修剪掉，结果如图 7-70 所示。

图 7-70　绘制电容器

3）单击"默认"选项卡"修改"面板中的"复制"按钮 ❏，选择"草图设置"→"对象捕捉"中的"中点"，在"正交"方式下将熔断器和电容器图形符号复制到左侧直线上，结果如图 7-71 所示。

图 7-71　复制熔断器和电容器图形符号

4）单击"默认"选项卡"修改"面板中的"镜像"按钮 ⚠，将右侧图形镜像复制到左侧，并绘制连线，结果如图 7-72 所示。

5）单击"插入"选项卡"块"面板中的"插入块"按钮 ❏，在当前绘图区插入前面已经创建的熔断器隔离开关、隔离开关和站用变压器图块，并将其插入图中，结果如图 7-73 所示。

图 7-72　镜像图形并绘制连线

图 7-73　插入熔断器隔离开关、隔离开关和站用变压器图块

6）单击"插入"选项卡"块"面板中的"插入块"按钮🗗，在当前绘图区插入前面已经创建的电压互感器和隔离开关图块，并将其插入图中，然后在它们之间绘制一个矩形，结果如图 7-74 所示。

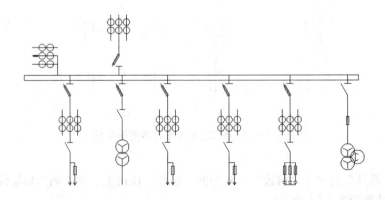

图 7-74　插入电压互感器和隔离开关图块

7）单击"默认"选项卡"绘图"面板中的"直线"按钮╱，开启"正交模式"，在"电压

互感器"所在直线上绘制一折线，再单击"默认"选项卡"修改"面板中的"复制"按钮，将右侧的矩形复制到折线上，并将其他位置的箭头复制到折线下端点处，结果如图 7-75 所示。

图 7-75　复制矩形和箭头

04 输入注释文字。

❶ 单击"默认"选项卡"注释"面板中的"多行文字"按钮 **A**，在需要标注文字的地方画出一个区域，弹出如图 7-76 所示的"文字编辑器"选项卡和多行文字编辑器。标注文字后单击"关闭"按钮。

图 7-76　"文字编辑器"选项卡和多行文字编辑器

❷ 单击"默认"选项卡"绘图"面板中的"直线"按钮／和"默认"选项卡"修改"面板中的"复制"按钮，绘制文字框线。添加注释 1 和注释 2 如图 7-77 和图 7-78 所示。

绘制完成的变电所电气原理图如图 7-26 所示。

图 7-77　添加注释 1　　　　　图 7-78　添加注释 2

📖 7.5.2　设计中心及工具选项板辅助绘制方法

01 将 7.5.1 节中绘制的电气元件图形符号分别复制到新建文件中，并按图 7-79 所示的名称保存到"电气元件"文件夹中。

02 单击"视图"选项卡"选项板"面板中的"设计中心"按钮▦，打开设计中心，如图 7-80 所示。

| 隔离开关 | 熔断器隔离开关 | 断路器 | 电压互感器 | 电容器 |

图 7-79　电气元件

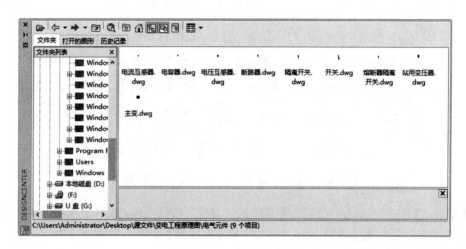

图 7-80　设计中心

03 在设计中心的"文件夹"选项卡中找到刚才保存的"电气元件"文件夹，在该文件夹上右击，打开快捷菜单，选择"创建块的工具选项板"选项，如图 7-81 所示。

04 系统自动在"工具选项板"上创建一个名为"电气元件"的选项卡，如图 7-82 所示。该选项卡中列出了"电气元件"文件夹中的各图形符号，并将每一个图形符号自动转换成图块。

05 按住鼠标左键，将"电气元件"选项卡中的"隔离开关"图块拖动到绘图区，即可将该图块插入到新的图形文件中，如图 7-83 所示。

06 "工具选项板"中插入的图块不能旋转，对需要旋转的图块，可利用"旋转"命令结合"移动"命令进行旋转和移动操作，也可以采用直接从设计中心拖动图块的方法来实现。下面以在图 7-84 中绘制水平引线后需要插入旋转的图块为例，介绍插入旋转图块的方法。

图 7-81 快捷菜单

图 7-82 创建"电气元件"选项板

图 7-83 插入"隔离开关"图块

图 7-84 绘制水平引线

❶ 打开设计中心，找到"电气元件"文件夹，选择该文件夹。设计中心右侧的内容显示区列表显示出该文件夹中的各图形文件，如图 7-85 所示。

❷ 选择其中的图形文件，按住鼠标左键将其拖拽到当前绘制的图形中。命令行提示与操作如下：

```
命令：_-INSERT
输入块名或 [?]<dcclpdata>：
```

单位：毫米　转换：0.0394

指定插入点或 [基点 (B)/ 比例 (S)/X/Y/Z/ 旋转 (R)/ 分解 (E)/ 重复 (RE)]:

输入 X 比例因子，指定对角点，或 [角点 (C)/xyz(XYZ)] <1>: 1 ✓

输入 Y 比例因子或 < 使用 X 比例因子 >: ✓

指定旋转角度 <0>: ✓

插入结果如图 7-86 所示。

❸ 利用"工具选项板"和设计中心插入各图块，结果如图 7-26 所示。

图 7-85　"电气元件"文件夹 图 7-86　插入结果

07 如果不想保存"电气元件"选项卡，可以在"电气元件"选项卡上右击，打开快捷菜单，选择"删除选项板"选项，如图 7-87 所示。系统打开提示框，如图 7-88 所示。单击"确定"按钮，即可将"电气元件"选项卡删除。

图 7-87　快捷菜单

图 7-88　提示框

删除"电气元件"选项卡后的"工具选项板"如图 7-89 所示。

图 7-89 删除"电气元件"选项卡后的"工具选项板"

7.6 上机实验

实验 1 将如图 7-90 所示的带滑动触点的电位器 R1 定义为图块，取名为"带滑动触点的电位器"

图 7-90 带滑动触点的电位器

操作提示

1）利用"块定义"对话框进行设置，定义块。

2）利用 WBLOCK 命令进行设置，保存块。

实验2　利用设计中心插入图块的方法绘制如图 7-91 所示的三相电动机串电阻降压起动控制电路图

图 7-91　三相电动机串电阻降压起动控制电路图

操作提示

1）利用二维绘图命令，绘制如图 7-91 所示的各电气元件并保存。

2）在设计中心中找到保存各电气元件的文件夹，在右侧的内容显示区中选择需要的元件，拖动到所绘制的图形中，并设置其缩放比例和旋转角度。

3）标注文字。

7.7　思考与练习

1. 问答题

1）图块的定义是什么？图块有何特点？

2）动态图块有什么优点？

3）什么是图块的属性？如何定义图块属性？

4）什么是设计中心？设计中心有什么功能？

5）什么是工具选项板？怎样利用工具选项板进行绘图？

6）设计中心以及工具选项板中的图形与普通图形有什么区别？与图块又有什么区别？

2. 操作题

1）将如图 7-92 所示的极性电容器定义成图块并存盘。

2）利用图块绘制如图 7-93 所示的钻床控制电路局部图。

3）利用设计中心和工具选项板绘制如图 7-93 所示的钻床控制电路局部图。

图 7-92　极性电容器

图 7-93　钻床控制电路局部图

第 章

机械电气设计

机械电气是电气工程的重要组成部分。随着相关技术的发展，机械电气的使用日益广泛。本章通过两个具体的实例由浅入深地讲述了在 AutoCAD 2024 环境下进行机械电气设计的过程。

学 习 要 点

钻床电气设计
某发动机点火装置电路图

8.1 机械电气简介

机械电气是一类比较特殊的电气，主要指应用在机床上的电气系统，故也可以称为机床电气，包括应用在车床、磨床、钻床、铣床及镗床上的电气系统，以及机床的电气控制系统、伺服驱动系统和计算机控制系统等。随着数控系统的发展，机床电气也成为电气工程的一个重要组成部分。

机床电气系统的组成如下：

（1）电力拖动系统　以电动机为动力驱动控制对象（工作机构）做机械运动。

1）直流拖动与交流拖动。

直流电动机：具有良好的起动、制动性能和调速性能，可以方便地在很宽的范围内平滑调速，但尺寸大，价格高，运行可靠性差。

交流电动机：具有单机容量大、转速高、体积小、价钱便宜、工作可靠和维修方便等优点，但调速困难。

2）单电动机拖动和多电动机拖动。

单电动机拖动：每台机床上安装一台电动机，再通过机械传动机构装置将机械能传递到机床的各运动部件。

多电动机拖动：一台机床上安装多台电动机，分别拖动各运动部件。

（2）电气控制系统　对各拖动电动机进行控制，使它们按规定的状态、程序运动，并使机床各运动部件的运动得到合乎要求的静、动态特性。

1）继电器 - 接触器控制系统由按钮开关、行程开关、继电器、接触器等电气元件组成，控制方法简单直接，价格低。

2）计算机控制系统由数字计算机控制，高柔性、高精度、高效率、高成本。

3）可编程控制器控制系统克服了继电器 - 接触器控制系统的缺点，又具有计算机的优点，并且编程方便，可靠性高，价格便宜。

8.2 钻床电气设计

本例绘制的 Z35 型摇臂钻床电气原理图如图 8-1 所示。

摇臂钻床是一种立式钻床，在钻床中具有一定的典型性，其运动形式包括主运动、进给运动和辅助运动。其中，主运动为主轴的旋转运动，进给运动为主轴的纵向移动，辅助运动有摇臂沿外立柱的垂直移动、主轴箱沿摇臂的径向移动、摇臂与外立柱一起相对于内立柱的回转运动。摇臂钻床的工艺范围广，因而调速范围大、运动多。

摇臂钻床的主轴旋转运动和进给运动由一台交流异步电动机拖动，主轴的正反转旋转运动是通过机械转换实现的，故主电动机只有一个旋转方向。

摇臂钻床除了主轴的旋转和进给运动外，还有摇臂的上升、下降及立柱的夹紧和放松。摇臂的上升、下降由一台交流异步电动机拖动，立柱的夹紧和放松由另一台交流电动机拖动。Z35 型摇臂钻床在钻床中具有代表性，下面以 Z35 型摇臂钻床为例讨论钻床电气设计过程。

冷却电动机	主轴电动机	摇臂升降电动机	立柱松紧电动机	零压保护	主轴起动	摇臂		立柱	
						上升	下降	放松	夹紧

图 8-1　Z35 型摇臂钻床电气原理图

8.2.1　主回路设计

主回路包括 4 台三相交流异步电动机，即冷却泵电动机 M_1、主轴电动机 M_2、摇臂升降电动机 M_3 和立柱夹紧电动机 M_4。其中 M_3 和 M_4 要求能够正反向起动。

01 进入 AutoCAD 2024 绘图环境，打开随书电子资料包"源文件"文件夹中的"A3 样板图"样板，将文件另存为"Z35 电气设计 .dwg"。

02 单击"默认"选项卡"图层"面板中的"图层特性"按钮 ，打开"图层特性管理器"选项板，新建"主回路层""控制回路层"和"文字说明层"3 个图层。各图层的设置如图 8-2 所示。

图 8-2　图层设置

03 主动回路和控制回路由三相交流总电源供电，通断由总开关控制，各相电流设熔断器防止短路，保证电路安全，如图 8-3 所示。

04 冷却泵电动机 M_1 为手动起动，手动多极按钮开关 QS2 控制其运行或者停止，如图 8-4 所示。

05 主轴电动机 M_2 的起动和停止由 KM1 的主触点控制，如图 8-5 所示。主轴如果过载，相电流会增大，FR 熔断，起到保护作用。

图 8-3　总电源　　　　图 8-4　冷却泵电动机　　　　图 8-5　主轴电动机

06 摇臂升降电动机 M_3 要求可以正反向起动及过载保护，回路必须串联正反转接触器主触点和熔断器，如图 8-6 所示。

图 8-6　摇臂升降电动机

07 立柱夹紧电动机 M_4 要求可以正反向起动及过载保护，回路必须串联正反转接触器主触点和熔断器，如图 8-7 所示。

图 8-7　立柱夹紧电动机

📖 8.2.2　控制回路设计

01 从主回路中为控制回路引出两根电源线，供电系统通过变压器为控制系统供电，其线路如图 8-8 所示。

02 零压保护是通过鼓形开关 SA 和接触器 FV 实现的，其线路如图 8-9 所示。

03 扳动 SA，KM1 得电，其主触点闭合，主轴起动，其控制线路如图 8-10 所示。

图 8-8　控制系统供电线路

图 8-9　零压保护线路

04 扳动 SA，KM2 得电，其主触点闭合，摇臂升降电动机正转，其控制线路如图 8-11 所示。其中，SQ1 为摇臂的升降限位位置开关，SQ2 为摇臂升降电动机正反转位置开关。

05 采用同样方法，设计摇臂升降电动机反转控制线路，如图 8-12 所示。其中 KM3 为反转互锁。

06 立柱夹紧电动机正反转通过开关实现互锁控制，其控制线路如图 8-13 所示。当 SB1 按下，KM4 得电，SB2 闭合，KM5 辅助触点闭合，该电动机正转；同理，当 SB2 按下，该电动机反转。

图 8-10　主轴起动控制线路

图 8-11　摇臂升降电动机正转控制线路

图 8-12　摇臂升降电动机反转控制线路

8.2.3　照明指示回路设计

01 将"主回路层"设置为当前图层。

02 绘制线圈和导线，供电系统通过变压器为照明指示回路供电，如图 8-14 所示。

03 在刚绘制的导线端点右侧插入手动熔丝、开关和照明灯图块，并用导线连接，完成照明指示回路的绘制，结果如图 8-15 所示。

04 添加文字说明。

❶ 将"文字说明层"设置为当前图层，在各个功能块正上方绘制矩形区域，如图 8-16 所示。

❷ 调用文字编辑功能，在矩形区域输入功能说明，结果如图 8-17 所示。

至此，Z35 型摇臂钻床电气原理图的所有部分已经设计完毕，把各部分整理放置整齐，结果如图 8-1 所示。

图 8-13　立柱夹紧电动机正反转控制线路

图 8-14　变压器为照明指示回路供电

图 8-15　绘制照明指示回路

图 8-16　绘制矩形区域

冷却电动机	主轴电动机	摇臂升降电动机	立柱松紧电动机	零压保护	主轴起动	摇臂		立柱	
						上升	下降	放松	夹紧

图 8-17　输入功能说明

📖 8.2.4　电路原理说明

1）冷却泵电动机的控制：冷却泵电动机 M_1 是由转换开关 QS2 直接控制的。

2）主轴电动机的控制：先将电源总开关 QS1 合上，并将十字开关 SA 扳向左侧（有左、右、上、下和中间位置），这时 SA 的触头压合，零压继电器 FV 吸合并自锁，为其他控制电路接通做好准备，然后将十字开关扳向右侧，SA 的另一触头接通，KM1 得电吸合，主轴电动机 M₂ 起动运转，经主轴传动机构带动主轴旋转。主轴的旋转方向由主轴箱上的摩擦离合器手柄操纵。

将 SA 扳到中间位置，接触器 KM1 断电，主轴停车。

3）摇臂升降控制：摇臂升降控制是在零压继电器 FV 得电并自锁的前提下进行的，用来调整工件与钻头间的相对高度。这些动作是通过十字开关 SA，接触器 KM2、KM3，位置开关 SQ1、SQ2 控制电动机 M₃ 来实现的。SQ1 是能够自动复位的鼓形转换开关，其两对触点都调整在常闭状态。SQ2 是不能自动复位的鼓形转换开关，它的两对触点常开，由机械装置来带动其通断。

为了使摇臂上升或下降时不致超过允许的极限位置，在摇臂上升和下降的控制电路中分别串入位置开关 SQ1-1、SQ1-2，当摇臂上升或下降到极限位置时，挡块将相应的位置开关压下，使电动机停转，从而避免事故发生。

4）立柱夹紧与松开的控制：立柱的夹紧与放松是通过接触器 KM4 和 KM5 控制电动机 M₄ 的正反转来实现的。当需要摇臂和外立柱绕内立柱移动时，应先按下按钮 SB1，接触器 KM4 得电吸合，电动机 M₄ 正转，通过齿式离合器驱动齿轮式液压泵送出高压油，经油路系统和传动机构将内外立柱松开。

8.3 某发动机点火装置电路图

图 8-18 所示为某发动机点火装置电路图。其绘制思路为：首先设置绘图环境，然后绘制线路结构图和主要电气元件图形符号，最后将各装置组合在一起。

图 8-18 某发动机点火装置电路图

8.3.1 设置绘图环境

01 建立新文件。打开 AutoCAD 2024 应用程序，单击快速访问工具栏中的"新建"按钮，以"无样板打开 - 公制"创建一个新的文件，再单击快速访问工具栏中的"保存"按钮，将其命名为"某发动机点火装置电路图 .dwg"进行保存。

02 设置图层。单击"默认"选项卡"图层"面板中的"图层特性"按钮，在弹出的"图层特性管理器"选项板中新建"连接线层""实体符号层"和"虚线层"3 个图层，根据需要设置各图层的颜色、线型、线宽等参数，并将"连接线层"设置为当前图层。

8.3.2 绘制线路结构图

单击"默认"选项卡"绘图"面板中的"直线"按钮，在"正交"绘图方式下连续绘制直线，创建如图 8-19 所示的线路结构图。图中各线段尺寸如下：$AB=280$，$BC=80$，$AD=40$，$CE=500$，$EF=100$，$FG=225$，$AN=BM=80$，$NQ=MP=20$，$PS=QT=50$，$RS=100$，$TW=40$，$TJ=200$，$LJ=30$，$RZ=OL=250$，$WV=300$，$UV=230$，$UK=50$，$OH=150$，$EH=80$，$ZL=100$。

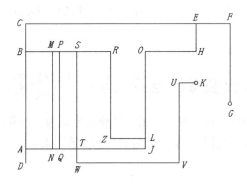

图 8-19　创建线路结构图

8.3.3 绘制主要电气元件图形符号

01 绘制蓄电池图形符号。

❶ 单击"默认"选项卡"绘图"面板中的"直线"按钮，以坐标点 {(100,0)，(155,0)} 绘制水平直线，如图 8-20 所示。

图 8-20　绘制水平直线

❷ 单击"视图"选项卡"导航"面板上"范围"下拉菜单中的"全部"按钮，调整视图使其易于观察。

❸ 单击"默认"选项卡"绘图"面板中的"直线"按钮，绘制竖直直线 1{(125,0)，(125,10)}。

❹ 单击"默认"选项卡"修改"面板中的"偏移"按钮，将竖直直线 1 向右偏移 5，生成直线 2，如图 8-21 所示。

❺ 选择菜单栏中的"修改"→"拉长"命令，将直线 2 和直线 4 分别向上拉长 5，结果如图 8-22 所示。

❻ 单击"默认"选项卡"修改"面板中的"修剪"按钮，以两条竖直直线作为剪切边，对水平直线进行修剪，结果如图 8-23 所示。

图 8-21　偏移竖直直线 1

图 8-22　拉长直线 2

❼ 单击"默认"选项卡"修改"面板中的"镜像"按钮 △，选择直线 1 和直线 2 作为镜像对象，以水平直线为镜像线进行镜像操作，完成蓄电池图形符号的绘制，结果如图 8-24 所示。

图 8-23　修剪水平直线

图 8-24　绘制蓄电池图形符号

02 绘制二极管图形符号。

❶ 单击"默认"选项卡"绘图"面板中的"直线"按钮 ╱，以坐标点 {(100, 50), (115, 50)} 绘制水平直线，如图 8-25 所示。

❷ 单击"默认"选项卡"修改"面板中的"旋转"按钮 ↻，选择"复制"模式，将刚绘制的水平直线绕直线的左端点旋转 60°。重复"旋转"命令，将水平直线绕右端点旋转 −60°，生成一个边长为 15 的等边三角形，如图 8-26 所示。

図 8-25　绘制水平直线

图 8-26　绘制等边三角形

❸ 单击"默认"选项卡"绘图"面板中的"直线"按钮 ╱，在"正交"和"对象捕捉"绘图方式下捕捉等边三角形最上面的顶点 A 并将其作为起点，向上绘制一条长度为 15 的竖直直线，如图 8-27 所示。

❹ 单击"默认"选项卡"修改"面板中的"拉长"按钮 ╱，将刚绘制的竖直直线向下拉长 27，如图 8-28 所示。

❺ 单击"默认"选项卡"绘图"面板中的"直线"按钮 ╱，在"正交"和"对象捕捉"绘图方式下捕捉点 A 并将其作为起点，向左绘制一条长度为 8 的水平直线。

❻ 单击"默认"选项卡"修改"面板中的"镜像"按钮 △，选择刚绘制的水平直线为镜像对象，以竖直直线为镜像线进行镜像操作，完成二极管图形符号的绘制，结果如图 8-29 所示。

图 8-27　绘制竖直直线

图 8-28　拉长竖直直线

图 8-29　绘制二极管图形符号

03 绘制晶体管图形符号。

❶ 单击"默认"选项卡"修改"面板中的"复制"按钮 ，复制步骤 **02** 中绘制的二极管中的三角形，如图 8-30 所示。

❷ 单击"默认"选项卡"修改"面板中的"旋转"按钮 ，将三角形绕其端点 C 逆时针旋转 90°，结果如图 8-31 所示。

图 8-30 复制三角形

图 8-31 旋转三角形

❸ 单击"默认"选项卡"修改"面板中的"偏移"按钮 ，将竖直边 AB 向左偏移 10，如图 8-32 所示。

❹ 单击"默认"选项卡"绘图"面板中的"直线"按钮 ，在"对象捕捉"和"正交"绘图方式下捕捉 C 点并将其作为起点，向左绘制长度为 12 的水平直线。

❺ 单击"默认"选项卡"修改"面板中的"拉长"按钮 ，将刚绘制的水平直线向右拉长 15，结果如图 8-33 所示。

图 8-32 偏移直线

图 8-33 绘制并拉长水平直线

❻ 单击"默认"选项卡"修改"面板中的"修剪"按钮 ，对图形进行修剪，结果如图 8-34 所示。

❼ 单击"默认"选项卡"绘图"面板中的"多段线"按钮 ，绘制箭头，完成晶体管图形符号的绘制，结果如图 8-35 所示。

图 8-34 修剪图形

图 8-35 绘制晶体管图形符号

04 绘制点火分电器图形符号。

❶ 单击"默认"选项卡"绘图"面板中的"直线"按钮 ，在空白处绘制长度为 0.5 的竖直直线 1，如图 8-36 所示。

❷ 单击"默认"选项卡"绘图"面板中的"直线"按钮 ，在"对象捕捉"和"正交"绘图方式下捕捉竖直直线 1 的下端点并将其作为起点，向右绘制长度为 3 的水平直线 2，如图 8-37所示。

图 8-36　绘制竖直直线 1　　　　　　　　　　图 8-37　绘制水平直线 2

❸ 单击"默认"选项卡"修改"面板中的"拉长"按钮 ╱，将竖直直线 1 向下拉长 0.5，结果如图 8-38 所示。

❹ 关闭"正交"绘图方式。单击"默认"选项卡"绘图"面板中的"直线"按钮 ╱，分别捕捉竖直直线 1 的上端点和水平直线 2 的右端点，绘制斜线 3，然后捕捉竖直直线 1 的下端点和水平直线 2 的右端点，绘制斜线 4，如图 8-39 所示。

❺ 单击"默认"选项卡"修改"面板中的"删除"按钮 ✐，选择水平直线 2 将其删除，结果如图 8-40 所示。

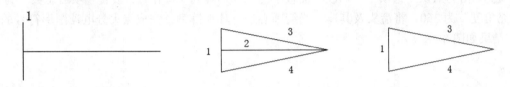

图 8-38　拉长竖直直线 1　　　图 8-39　绘制斜线 3 和斜线 4　　　图 8-40　删除水平直线 2

❻ 单击"默认"选项卡"绘图"面板中的"图案填充"按钮 ▦，在弹出的"图案填充创建"选项卡中选择 SOLID 图案，选择三角形的三条边作为填充边界（见图 8-41），进行图案填充，结果如图 8-42 所示。

图 8-41　选择填充边界　　　　　　　　　图 8-42　图案填充

❼ 单击"默认"选项卡"绘图"面板中的"直线"按钮 ╱，在三角形左侧绘制长度为 2 的水平直线，单击"默认"选项卡"修改"面板中的"旋转"按钮 ↻，将绘制的箭头和水平直线绕其右端点旋转 180°，完成箭头的绘制，结果如图 8-43 所示。

❽ 单击"默认"选项卡"绘图"面板中的"圆"按钮 ⊙，以点（50，50）为圆心，绘制半径为 1.5 的圆 1 和半径为 20 的圆 2，如图 8-44 所示。

图 8-43　绘制箭头

❾ 单击"默认"选项卡"绘图"面板中的"直线"按钮 ╱，在"对象捕捉"和"正交"绘图方式下捕捉圆心并将其作为起点，向右绘制一条长为 20 的水平直线（直线的终点 A 刚好落在圆 2 上），如图 8-45 所示。

❿ 单击"默认"选项卡"修改"面板中的"移动"按钮 ✤，捕捉箭头直线的右端点并将其作为基点，以点 A 为目标点，将箭头平移到圆 2 内。

图 8-44　绘制圆

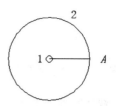

图 8-45　绘制水平直线

⓫ 单击"默认"选项卡"修改"面板中的"拉长"按钮　，将箭头直线向右拉长 7，结果如图 8-46 所示。

⓬ 单击"默认"选项卡"修改"面板中的"删除"按钮　，删除步骤❾中绘制的水平直线，结果如图 8-47 所示。

⓭ 单击"默认"选项卡"修改"面板中的"环形阵列"按钮　，设置"项目总数"为 6、"填充角度"为 360，将箭头及其连接线绕圆心进行环形阵列，完成点火分电器图形符号的绘制，结果如图 8-48 所示。

图 8-46　拉长直线

图 8-47　删除直线

图 8-48　绘制点火分电器图形符号

8.3.4　组合各装置

单击"默认"选项卡"修改"面板中的"移动"按钮　，在"对象追踪"和"正交"绘图方式下将断路器、火花塞、点火分电器、起动自举开关等电气元器件组合在一起，形成起动装置，如图 8-49 所示。采用同样方法，将其他元件进行组合，形成开关装置，如图 8-50 所示。最后将这两个装置组合在一起，结果如图 8-18 所示。

图 8-49　起动装置

图 8-50　开关装置

8.4　上机实验

实验　绘制如图 8-51 所示的 C630 车床电气原理图

　操作提示

1）绘制主回路。

2）绘制控制回路。

3）绘制照明回路。

4）添加文字说明。

图 8-51　C630 车床电气原理图

8.5　思考与练习

绘制如图 8-52 所示的汽车电气电路图。

图 8-52　汽车电气电路图

电路图设计

　　随着电子技术的高速发展，电子产品已经深入到生产、生活和社会活动的各个领域。正确、熟练地识读、绘制电子电路图，是对电气工程技术人员的基本要求。本章将详细介绍调频器电路图和数字电压表线路图的绘制方法。

◉ 调频器电路图
◉ 数字电压表线路图

9.1 电子电路简介

9.1.1 基本概念

电子电路一般是由电压较低的直流电源供电，通过电路中的电子元件（如电阻、电容、电感等）和电子器件（如二极管、晶体管、集成电路等）的工作实现一定功能的电路。电子电路在各种电气设备中应用广泛。

9.1.2 电子电路图分类

电子电路图根据使用元器件形式不同，可分为分立元件电路图、集成电路图、分立元件和集成电路混合构成的电路图。早期的电子设备由分立元件构成，因此电路图也按分立元件绘制，这使得电路复杂，造成设备调试、检修不便。随着各种功能、规模的集成电路的产生和发展，各种单元电路得以集成化，大大简化了电路，提高了工作可靠性，减小了设备体积，成为电子电路的主流。目前应用较多的还是由分立元件和集成电路混合构成的电子电路，这种电子电路图在家用电器、计算机、仪器仪表等设备中最为常见。

电子电路按电路处理的信号不同，可分为模拟电路和数字电路两种。处理模拟信号的电路称为模拟电路，处理数字信号的电路称为数字电路，由它们构成的电路图也分别称为模拟电路图和数字电路图。有些较复杂的电路中既有模拟电路又有数字电路，这种电路是一种混合电路。

电子电路的功能很多，若按其基本功能，可分为基本放大电路、信号产生电路、功率放大电路、组合逻辑电路、时序逻辑电路和整流电路等。因此，对应不同功能的电路会有不同的电路图，如固定偏置电路图、LC 振荡电路图和桥式整流电路图等。

9.2 调频器电路图

调频器是一类应用十分广泛的电子设备。图 9-1 所示为某调频器的电路图。绘制该图的基本思路是：先根据元器件的相对位置关系绘制线路结构图，然后分别绘制各个元器件的图形符号，再将各个图形符号"安装"到线路结构图的相应位置，最后添加注释文字。

9.2.1 设置绘图环境

01 建立新文件。打开 Auto-CAD 2024 应用程序，选择随书电子资料包中的"源文件 / 第 9 章 /A3 样板图 .dwt"样板文件为模板建立新文件，将文件另存为"调频器电路图"。

图 9-1　调频器电路图

02 设置图层。单击"默认"选项卡"图层"面板中的"图层特性"按钮 ，打开"图层特性管理器"选项板，新建"连接线层"和"实体符号层"两个图层，各图层的颜色、线型、线宽及其他属性状态设置如图 9-2 所示。

图 9-2　设置图层

9.2.2　绘制线路结构图

将"连接线层"设置为当前图层，单击"默认"选项卡"绘图"面板中的"直线"按钮 ，绘制一系列的水平直线和竖直直线，完成线路结构图的绘制，结果如图 9-3 所示。其中各线段的长度如下：AB = 600，AD = 100，DK = 500，DE = 100，EF = 100，EL = 500，FG = 100，FJ = 500，GH = 100，HI = 600，HM = 250，MP = 620，MN = 150，NU = 580，NO = 150，OX = 150，XR = 200，XY = 300，RZ = 250，BC = 650，PC = 80，PS = 280，SV = 150，ST = 200，TW = 150，TQ = 80（按 1∶5 的比例绘制结构图）。

绘制完上述线路结构图后还需绘制几段接地线，步骤如下：

01 单击"默认"选项卡"绘图"面板中的"直线"按钮 ，在"对象捕捉"和"正交"绘图方式下用鼠标捕捉 U 点，以其为起点向左绘制长度为 20 的水平直线 1。

02 单击"默认"选项卡"修改"面板中的"镜像"按钮 ，选择水平直线 1 为镜像对象，以直线 NU 为镜像线，镜像生成水平直线 2。水平直线 1、水平直线 2 和 NU 共同构成连接线。

图 9-3　绘制线路结构图

(03) 重复步骤 **(01)** 和 **(02)**，绘制水平直线 3 和水平直线 4，它们与直线 RZ 构成另一条接地线。

(04) 采用类似的方法，绘制长度为 50 的水平直线 5，构成导线 XY 的接地线。

9.2.3 插入图形符号到线路结构图

结合使用"对象追踪"和"对象捕捉"等功能，将绘制好的各图形符号插入线路结构图。插入过程中如果元器件图形符号的大小不合适，可以根据实际需要利用缩放功能进行调整。下面以将图 9-4a 所示的电感图形符号插入到图 9-4b 所示的导线 ST 之间为例，说明插入元器件的方法。

(01) 移动图形。单击"默认"选项卡"修改"面板中的"移动"按钮✥，选择图 9-4a 所示的电感图形符号为移动对象，用鼠标捕捉电感图形符号中的 A 点为基点、导线中的 S 点为目标点，移动图形，结果如图 9-5a 所示。

图 9-4　图形符号　　　　　　　　　　　　图 9-5　平移图形

(02) 平移图形。单击"默认"选项卡"修改"面板中的"移动"按钮✥，选择图 9-5a 中的电感图形符号为平移对象，将其向右平移 70，结果如图 9-5b 所示。

(03) 修剪图形。

❶单击"默认"选项卡"修改"面板中的"修剪"按钮✂，以半圆弧为剪切边，对水平直线 ST 进行修剪，结果如图 9-6 所示。

❷用同样的方法将其他电气符号插入到线路结构图中，结果如图 9-7 所示。

图 9-6　修剪图形　　　　　　　　　　图 9-7　插入其他电气符号

9.2.4 添加文字和注释

(01) 单击"默认"选项卡"注释"面板中的"文字样式"按钮A，打开"文字样式"对话框。

02 在"文字样式"对话框中单击"新建"按钮，设置"新样式名"为"工程字"，单击"确定"按钮。

03 在"字体名"下拉列表中选择"仿宋 _GB2313"。

04 "高度"采用默认值 20。

05 输入"宽度因子"为 0.7，"倾斜角度"采用默认值 0。

06 检查预览区文字外观，如果合适，单击"应用"和"关闭"按钮。

07 单击"默认"选项卡"注释"面板中的"多行文字"按钮 **A**，或者在命令行输入"MTEXT"命令，在图中相应位置添加文字。

结果如图 9-8 所示。

图 9-8　调频器电路图

9.3　数字电压表线路图

本例绘制的数字电压表线路图如图 9-9 所示。该图由 LED 七段数码显示器、显示器、驱动晶体管、转换器和位选开关等构成。下面将按照线路图的组成分块介绍数字电压表线路图的绘制过程。

9.3.1　配置绘图环境

01 建立新文件。打开 AutoCAD 2024 应用程序，选择随书电子资料包中的"源文件 / 第 9 章 /A3.dwt"样板文件为模板建立新文件，将文件另存为"数字电压表线路图 .dwg"。

02 设置尺寸标注。

❶ 单击"默认"选项卡"注释"面板中的"标注样式"按钮，打开"标注样式管理器"对话框，如图 9-10 所示。单击"新建"按钮，打开"创建新标注样式"对话框，如图 9-11 所示。设置"新样式名"为"电气设计标注"、"基础样式"为"ISO-25"。

图 9-9　数字电压表线路图

图 9-10　"标注样式管理器"对话框

图 9-11　"创建新标注样式"对话框

❷单击"继续"按钮，打开"新建标注样式：电气设计标注"对话框。选择"线"选项卡，设置"基线间距"为3.75、"超出尺寸线"为2.5，如图9-12所示。

❸ 选择"符号和箭头"选项卡，将"箭头大小"设置为 5，如图 9-13 所示。

图 9-12　设置"线"选项卡

图 9-13　设置"符号和箭头"选项卡

❹ 选择"文字"选项卡，设置"文字样式"为"Standard"，"文字颜色"采用默认设置，"文字高度"设置为 6，"从尺寸线偏移"设置为 0.5，"文字位置"采用默认设置，"文字对齐"采用"ISO 标准"，如图 9-14 所示。

❺ 选择"调整"选项卡在"文字位置"选项组中选择"尺寸线上方，带引线"，其他采用默认设置，如图 9-15 所示。

图 9-14　设置"文字"选项卡

图 9-15　设置"调整"选项卡

❻ 选择"主单位"选项卡，设置"小数分隔符"为"."（句点）、"舍入"为 0，其他采用默认设置，如图 9-16 所示。

❼ 设置完毕后单击"确定"按钮，返回"标注样式管理器"对话框，如图 9-17 所示。单击"置为当前"按钮，将新建的"电气设计标注"样式设置为当前使用的标注样式。然后单击"关闭"按钮，退出"标注样式管理器"对话框。

图 9-16 设置"主单位"选项卡   图 9-17 "标注样式管理器"对话框

 注意

普通尺寸标注中不需要设置公差，尺寸公差只有在需要标注时才进行设置。若开始就设置了公差，则所有的尺寸标注样式中都将带有公差。

9.3.2 绘制晶体管图形符号

01 单击"默认"选项卡"绘图"面板中的"直线"按钮 ╱，绘制多条直线，结果如图 9-18 所示。

02 单击"默认"选项卡"绘图"面板中的"直线"按钮 ╱，画两条斜向线段作为箭头，完成晶体管图形符号的绘制，结果如图 9-19 所示。

图 9-18 绘制直线   图 9-19 绘制晶体管图形符号

03 单击"插入"选项卡"块定义"面板中的"创建块"按钮 ，将绘制的晶体管图形符号生成图块并保存，以方便后面绘制数字电路系统时调用。

9.3.3 绘制电阻图形符号

01 单击"默认"选项卡"绘图"面板中的"矩形"按钮 □，绘制一个矩形，如图 9-20 所示。

02 开启"正交"模式，单击"默认"选项卡"绘图"面板中的"直线"按钮 ╱，捕捉矩形短边中点，分别绘制两条直线，完成电阻图形符号的绘制，结果如图 9-21 所示。

03 单击"插入"选项卡"块定义"面板中的"创建块"按钮，将绘制的电阻图形符号生成图块并保存，以方便后面绘制数字电路系统时调用。

图 9-20　绘制矩形　　　　　　　　　　　　　图 9-21　绘制电阻图形符号

9.3.4　数字电压表接线图的绘制

01 单击"默认"选项卡"图层"面板中的"图层特性"按钮，打开"图层特性管理器"选项板，如图 9-22 所示。

图 9-22　"图层特性管理器"选项板

02 新建"粗线"图层并将其设置为当前图层。单击"默认"选项卡"绘图"面板中的"矩形"按钮，绘制 A/D 转换器、位选开关、基准电源、译码器及显示器 5 个矩形框，位置摆放如图 9-23 所示。

03 绘制 A/D 转换器、位选开关、译码器和显示器的管脚线。

❶ 单击"默认"选项卡"修改"面板中的"分解"按钮，选择 A/D 转换器、位选开关、译码器和显示器矩形框，将它们分解。

❷ 单击"默认"选项卡"实用工具"面板中的"点样式"按钮，在打开的"点样式"对话框中进行选择，如图 9-24 所示。

图 9-23　绘制 5 个矩形框　　　　　　　　　　图 9-24　"点样式"对话框

❸ 将"细线"设置为当前图层。单击"默认"选项卡"绘图"面板中的"定数等分"按钮
⚭，分别等分 A/D 转换器、位选开关和译码器相应的边，如图 9-25 所示。

04 单击"插入"选项卡"块"面板中的"插入块"按钮🗗，插入晶体管、电阻和电容
器图块，放置位置如图 9-26 所示。

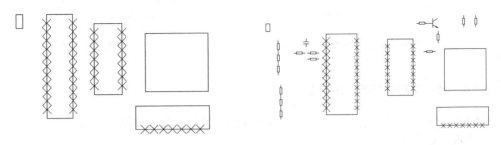

图 9-25　等分边　　　　　　　　　图 9-26　插入晶体管、电阻、电容器图块

05 单击"默认"选项卡"绘图"面板中的"直线"按钮╱，按各个元器件之间的逻辑
关系绘制连接各个元器件引脚的连线，结果如图 9-27 所示。

图 9-27　绘制连线

06 绘制 LED 七段数码显示器。

❶ 单击"默认"选项卡"绘图"面板中的"矩形"按钮🖵，绘制一个矩形，再单击"默
认"选项卡"修改"面板中的"倒角"按钮╱，对矩形四角进行倒角处理，结果如图 9-28
所示。

❷ 开启"正交"模式，单击"默认"选项卡"修改"面板中的"复制"按钮🖧，将刚绘
制的倒角矩形向 y 轴负方向进行复制，结果如图 9-29 所示。

❸ 单击"默认"选项卡"修改"面板中的"分解"按钮🗗，将以上两个倒角矩形进行分
解，选择它们的倒角边，删除倒角，结果如图 9-30 所示。

图 9-28　倒角矩形　　　　图 9-29　复制倒角矩形　　　　图 9-30　删除倒角

❹ 开启"正交"模式，单击"默认"选项卡"修改"面板中的"复制"按钮❀，将图形向 x 轴正方向进行复制，结果如图 9-31 所示。

❺ 对第一个图形不要的边进行修剪，完成 LED 七段数码显示器符号的绘制，结果如图 9-32 所示。

❻ 单击"默认"选项卡"修改"面板中的"移动"按钮✛，将 LED 七段数码显示器插入到线路图中并进行连接，结果如图 9-33 所示。

❼ 单击"默认"选项卡"注释"面板中的"多行文字"按钮 **A**，插入数字和文字标注，为各个芯片引脚标注文字注释，以方便图的审核和阅读，结果如图 9-9 所示。

图 9-31　复制图形　　　　　　　　　图 9-32　LED 七段数码显示器符号

图 9-33　插入 LED 七段数码显示器

07 保存绘制完成的数字电压表线路图。

9.4　上机实验

实验　绘制如图 9-34 所示的键盘显示器接口电路

操作提示

1）设置新图层。

2）绘制连接线。

3）绘制各个元器件。

4）连接各个元器件。

5）添加注释文字。

图 9-34　键盘显示器接口电路

9.5　思考与练习

绘制如图 9-35 所示的单片机采样线路图。

图 9-35　单片机采样线路图

第 **10** 章

控制电气工程图设计

电气控制系统是指由若干电气原件组成，用于实现对某个或某些对象的控制，从而保证被控设备安全、可靠地运行的系统，其主要功能是自动控制、保护、监视和测量。

本章将围绕绘制恒温烘房电气控制图和设计数控机床控制系统图两个实例讲述控制电气工程图的具体绘制方法。

◎ 绘制恒温烘房电气控制图
◎ 设计数控机床控制系统图

10.1 控制电气简介

📖 10.1.1 控制电路简介

从研究电路的角度来看，一个试验电路一般包括电源、控制电路和测量电路3部分。测量电路是事先根据试验方法确定好的，可以把它抽象地用一个电阻 R 来代替，称为负载。根据负载所要求的电压 U 和电流 I，就可选定电源。一般电学试验对电源并不苛求，只要选择电源的电动势 E 略大于 U，电源的额定电流大于工作电流即可。负载和电源都确定后，就可以安排控制电路，使负载能获得所需要的不同的电压和电流。一般来说，控制电路中电压或电流的变化都可用滑线式可变电阻来实现。控制电路有制流和分压两种最基本接法，两种接法的性能和特点可由调节范围、特性曲线、细调程度来表征。

一般在安排控制电路时，并不一定要求设计出一个最佳方案，只要根据现有的设备设计出既安全又省电且能满足试验要求的电路就可以了。设计方法一般也不必做复杂的计算，可以边试验边改进。

控制电路主要分为开环（自动）控制系统和闭环（自动）控制系统（也称为反馈控制系统）。其中开环（自动）控制系统包括前向控制、程控（数控）、智能化控制等，如录音机的开机、关机、自动录放、程序工作等；闭环（自动）控制系统则是反馈控制，将受控物理量自动调整到预定值。

反馈控制电路是最常用的一种控制电路。常用的反馈控制方式有以下3种：

1）自动增益控制 AGC（AVC）：反馈控制量为增益（或电平），以控制放大器系统中某级（或几级）的增益大小。

2）自动频率控制 AFC：反馈控制量为频率，以稳定频率。

3）自动相位控制 APC（PLL）：反馈控制量为相位。

PLL 可实现调频、鉴频、混频、解调和频率合成等。

图 10-1 所示为一种常见的反馈自动控制系统的模式。

图 10-1　反馈自动控制系统的模式

📖 10.1.2 控制电路图简介

控制电路的类型大致包括下面几种：自动控制电路、报警控制电路、开关电路、灯光控制电路、定时控制电路、温控电路、保护电路、继电器控制电路、晶闸管控制电路、电机控制电路、电梯控制电路等。下面对其中几种控制电路的典型电路图进行举例。

图 10-2 所示的电路图是报警控制电路中的一种典型电路，即汽车多功能报警器电路图。它的功能为当系统检测到汽车出现各种故障时进行语音提示报警。语音：左前轮、右前轮、左后轮、右后轮、胎压过低、胎压过高、请换电池、叮咚；控制方式：并口模式；语音对应地址（在每个语音组合中加入 200ms 的静音）：00H "叮咚" + 左前轮 + 胎压过高，01H "叮咚" + 右前轮 + 胎压过高，02H "叮咚" + 左后轮 + 胎压过高，03H "叮咚" + 右后轮 + 胎压过高，04H "叮咚" + 左前轮 + 胎压过低，05H "叮咚" + 右前轮 + 胎压过低，06H "叮咚" + 左后轮 + 胎压过低，07H "叮咚" + 右后轮 + 胎压过低，08H "叮咚" + 左前轮 + 请换电池，09H "叮咚" + 右前轮 + 请换电池，0AH "叮咚" + 左后轮 + 请换电池，0BH "叮咚" + 右后轮 + 请换电池。

图 10-2　汽车多功能报警器电路图

图 10-3 所示的电路是温控电路中的一种典型电路，即高低温双限控制器（CD4013）的电路图。该电路由双 D 触发器 CD4013 中的一个 D 触发器组成，电路结构简单，具有上、下限温度控制功能。控制温度可通过电位器预置，当超过预置温度后自动断电。该电路可用于电热加工的工业设备。电路中将 D 触发器连接成一个 RS 触发器，以工业控制用的热敏电阻 MF51 作为温度传感器。

如图 10-4 所示的电路图为继电器电路中的一种典型电路，即交流电子继电器电路图。其中，图 10-4a 中集电极电压为负，发射极电压为正，对于 PNP 型管而言，这种极性的电源是正常的工作电压；图 10-4b 中集电极电压为正，发射极电压为负，对于 NPN 型管而言，这种极性的电源是正常的工作电压。

图 10-3　高低温双限控制器（CD4013）电路图

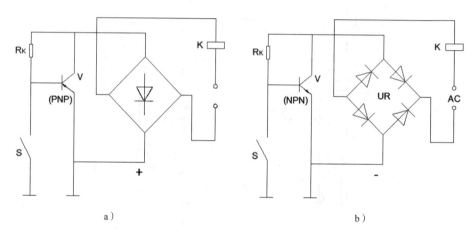

a)　　　　　　　　　　　　b)

图 10-4　交流电子继电器电路图

10.2　绘制恒温烘房电气控制图

本例绘制的恒温烘房电气控制图如图 10-5 所示。

恒温烘房电气控制图主要由供电线路和 3 个加热区及风机组成。其绘制思路如下：先根据图的结构绘制出主要的连接线；然后依次绘制各主要电气元件，再将各电气元件分别插入适当位置，组成各加热区和循环风机；最后将各部分组合，完成图样绘制。

10.2.1　设置绘图环境

01 建立新文件。单击快速访问工具栏中的"新建"按钮 ，以"无样板打开 - 公制"方式创建一个新的文件，并将其另存为"恒温烘房电气控制图"。

02 设置图层。单击"默认"选项卡"图层"面板中的"图层特性"按钮 ，打开"图层特性管理器"选项板，创建"连接线层""实体符号层"和"虚线层"3 个图层，设置各图层的颜色、线型及线宽如图 10-6 所示。

图 10-5　恒温烘房电气控制图

图 10-6　设置图层

10.2.2　绘制主电路图

本例使用 1:50 的比例绘制。

01 绘制水平直线。将"连接线层"设置为当前图层，单击"默认"选项卡"绘图"面板中的"直线"按钮／，绘制水平直线 1{（1000,10000），（11000,10000）}，如图 10-7 所示。

图 10-7　绘制水平直线 1

02 偏移水平直线。单击"默认"选项卡"修改"面板中的"偏移"按钮⊏，将水平直线 1，依次向下偏移 200、200 和 4000，生成一组水平直线。

03 绘制竖直直线。单击"默认"选项卡"绘图"面板中的"直线"按钮 ╱，并启动"对象追踪"功能，用鼠标分别捕捉水平直线 1 和最下面一条水平直线的左端点，绘制一条竖直直线。

04 偏移竖直直线。单击"默认"选项卡"修改"面板中的"偏移"按钮 ⊆，将竖直直线依次向右偏移 700、200、200、2000、200、200、1800、200、200、1600、200 和 200，生成一组竖直直线。然后单击"默认"选项卡"修改"面板中的"删除"按钮 ✐，删除初始竖直直线，结果如图 10-8 所示。

图 10-8　绘制连接线

05 绘制竖直直线。单击"默认"选项卡"绘图"面板中的"直线"按钮 ╱，并启动"对象追踪"功能，用光标捕捉直线 3 的左端点，向上绘制一条长度为 2000 的竖直直线 5。

06 平移直线。单击"默认"选项卡"修改"面板中的"移动"按钮 ✛，将刚绘制的竖直直线 5 向右平移 3500。

07 偏移直线。单击"默认"选项卡"修改"面板中的"偏移"按钮 ⊆，将竖直直线 5 向右依次偏移 500、500，生成直线 6 和直线 7。

08 绘制水平直线。单击"默认"选项卡"绘图"面板中的"直线"按钮 ╱，并启动"对象追踪"功能，用鼠标分别捕捉直线 5 和直线 7 的上端点，绘制水平直线。

09 偏移直线 4。单击"默认"选项卡"修改"面板中的"偏移"按钮 ⊆，将水平直线 4 向上偏移 1000。

10 修剪图形。单击"默认"选项卡"修改"面板中的"修剪"按钮 ✂ 和"删除" ✐ 按钮，修剪水平直线和竖直直线并删除多余的直线，完成主电路图的绘制，结果如图 10-9 所示。

图 10-9　绘制主电路图

📖 10.2.3　绘制各电气元件图形符号

01 绘制固态继电器图形符号。

❶ 绘制矩形。将"实体符号层"设置为当前图层，单击"默认"选项卡"绘图"面板中的"矩形"按钮 ▭，绘制一个长为 100、宽为 50 的矩形，如图 10-10a 所示。

❷ 绘制圆。单击"默认"选项卡"绘图"面板中的"圆"按钮⊙，在"对象追踪"方式下，用鼠标捕捉矩形的右上角点作为圆心，绘制一个半径为 2.5 的圆。

❸ 平移圆。单击"默认"选项卡"修改"面板中的"移动"按钮✛，将刚绘制的圆向左平移 13，然后向下平移 10，结果如图 10-10b 所示。

❹ 阵列圆。单击"默认"选项卡"修改"面板中的"矩形阵列"按钮▦，选择圆为阵列对象，用鼠标捕捉圆心作为基点，设置"行数"为 2、"列数"为 3、"行间距"为 -30、"列间距"为 -25，矩形阵列圆，结果如图 10-11a 所示。

❺ 绘制竖直直线。单击"默认"选项卡"绘图"面板中的"直线"按钮╱，并启动"对象追踪"功能，用鼠标捕捉竖直方向两个圆的圆心，绘制竖直直线。用同样的方法，绘制另外两条竖直直线。

图 10-10　绘制矩形和圆

❻ 拉长直线。单击"默认"选项卡"修改"面板中的"拉长"按钮╱，将三条竖直直线分别向上和向下拉长 40，结果如图 10-11b 所示。

❼ 分解矩形。单击"默认"选项卡"修改"面板中的"分解"按钮，将绘制的矩形分解为直线 1、直线 2、直线 3 和直线 4。

❽ 偏移直线。单击"默认"选项卡"修改"面板中的"偏移"按钮，将直线 1 向下偏移 25，生成水平直线 5。

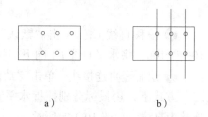

图 10-11　阵列圆并添加直线

❾ 拉长直线。单击"默认"选项卡"修改"面板中的"拉长"按钮╱，将直线 5 向两端分别拉长 30，如图 10-12a 所示。

❿ 修剪直线。单击"默认"选项卡"修改"面板中的"修剪"按钮，选择直线 3 和直线 4 作为修建边，对直线 5 进行修剪，保留直线 5 在矩形以外的部分。

⓫ 添加符号。在矩形内的相应位置加上"+"和"-"符号，完成固态继电器图形符号的绘制，结果如图 10-12b 所示。

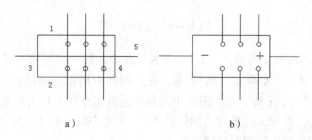

图 10-12　完成固态继电器图形符号的绘制

（02）绘制加热器图形符号。

❶ 绘制矩形。单击"默认"选项卡"绘图"面板中的"矩形"按钮▭，绘制一个长为 500、宽为 55 的矩形 1，如图 10-13a 所示。

❷ 复制矩形。单击"默认"选项卡"修改"面板中的"复制"按钮，将刚绘制的矩形 1

复制两份，并分别向下平移 100 和 200，生成矩形 2 和矩形 3，如图 10-13b 所示。

❸ 分解矩形。单击"默认"选项卡"修改"面板中的"分解"按钮，将矩形 1 分解为 4 条直线。

❹ 偏移直线。单击"默认"选项卡"修改"面板中的"偏移"按钮，以偏移量为 27.5，将矩形 1 的上边向下偏移，生成水平直线 L1。

❺ 拉长直线。单击"默认"选项卡"修改"面板中的"拉长"按钮，将水平直线 L1 向两端分别拉长 75，如图 10-13c 所示。

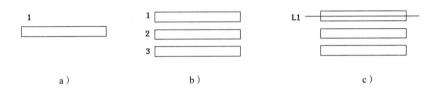

图 10-13 绘制矩形和直线

❻ 偏移直线 L1。单击"默认"选项卡"修改"面板中的"偏移"按钮，以偏移量为 100 和 100，将水平直线 L1 向下偏移，生成两条水平直线 L2 和 L3，结果如图 10-14a 所示。

❼ 绘制竖直连接线。单击"默认"选项卡"绘图"面板中的"直线"按钮，在"对象捕捉"方式下，用鼠标分别捕捉水平直线 L1、水平直线 L2 和水平直线 L3 的左、右端点，依次连接为直线，如图 10-14b 所示。

❽ 修剪图形。单击"默认"选项卡"修改"面板中的"修剪"按钮，以矩形的各边为剪切边，对水平直线 L1、水平直线 L2 和水平直线 L3 进行剪切，结果如图 10-14c 所示。

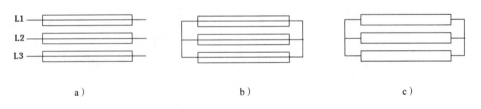

图 10-14 绘制连接线

❾ 存储为图块。在命令行输入"WBLOCK"命令，打开"写块"对话框。在"源"选项组中选择"对象"。单击"拾取点"按钮，在绘图区中用鼠标捕捉直线 L2 的左端点作为基点。单击"选择对象"按钮，在绘图区中用鼠标选择整个图形作为对象。在"目标"选项组中选择或者输入路径，设置文件名为"加热模块"。设置"插入单位"为"毫米"。单击"确定"按钮，将绘制的"加热模块"图形存储为图块。

❿ 绘制水平直线。单击"默认"选项卡"绘图"面板中的"直线"按钮，绘制水平直线 {（1000,500），(1150,500）}，如图 10-15a 所示。

⓫ 复制直线。单击"默认"选项卡"修改"面板中的"旋转"按钮，选择"复制"模式，将刚绘制的水平直线绕直线的左端点旋转 60°。采用同样的方法，将水平直线绕直线右端点旋转 -60°，生成一个边长为 150 的等边三角形，如图 10-15b 所示。

⓬ 插入图块。单击"默认"选项卡"块"面板中的"插入"按钮 🔳，设置插入点分别为等边三角形 3 条边的中点、缩放比例全部为 0.1，将"加热模块"图块插入到图 10-15b 所示的等边三角形中。注意左、右两个"加热模块"在插入时分别需要旋转 60° 和 −60°。

⓭ 修剪图形。单击"默认"选项卡"修改"面板中的"修剪"按钮 ✂ 和"删除"按钮 ✎，修剪掉图中多余的图形，结果如图 10-15c 所示。

⓮ 绘制接点。单击"默认"选项卡"绘图"面板中的"圆环"按钮 ◎，在导线交点处绘制外圆半径为 3 的实心圆作为接点，完成加热器图形符号的绘制，结果如图 10-15d 所示。

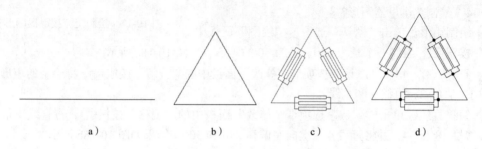

a)   b)   c)   d)

图 10-15　绘制加热器图形符号

03 绘制交流接触器图形符号。

❶ 绘制竖直直线。单击"默认"选项卡"绘图"面板中的"直线"按钮 ／，分别绘制直线 1{（400,100），（400,300）} 和直线 2{（400,420），（400,680）}，如图 10-16a 所示。

❷ 绘制斜直线。单击"默认"选项卡"绘图"面板中的"直线"按钮 ／，在"对象捕捉"和"极轴"方式下，用鼠标捕捉直线 1 的上端点，并以其为起点，绘制一条与水平方向成 120°、长度为 150 的斜直线，如图 10-16b 所示。

❸ 绘制圆。单击"默认"选项卡"绘图"面板中的"圆"按钮 ◯，用鼠标捕捉直线 1 的下端点，并以其为圆心，绘制一个半径为 15 的圆。

❹ 平移圆。单击"默认"选项卡"修改"面板中的"移动"按钮 ✛，将刚绘制的圆向上平移 15，结果如图 10-16c 所示。

2

1

a)   b)   c)   d)   e)

图 10-16　绘制交流接触器触头和引线

❺ 修剪圆。单击"默认"选项卡"修改"面板中的"修剪"按钮 ✂，以直线 2 为剪切边，对圆进行修剪，结果如图 10-16d 所示。

❻ 复制图形。单击"默认"选项卡"修改"面板中的"复制"按钮 ⧉，将刚绘制的图形复制两份，分别向右平移 250 和 500，结果如图 10-16e 所示。

❼ 绘制水平直线。单击"默认"选项卡"绘图"面板中的"直线"按钮 ╱，用鼠标分别捕捉斜直线的下端点，绘制水平直线并将其转换为虚线层，结果如图 10-17a 所示。

❽ 平移直线。单击"默认"选项卡"修改"面板中的"移动"按钮 ✛，将刚绘制的水平直线分别向上和向左平移 60 和 30，完成交流接触器图形符号的绘制，结果如图 10-17b 所示。

04 绘制热继电器图形符号。

❶ 绘制矩形。单击"默认"选项卡"绘图"面板中的"矩形"按钮 ⬜，绘制一个长为 600、宽为 70 的矩形，如图 10-18a 所示。

图 10-17　绘制交流接触器图形符号

❷ 分解矩形。单击"默认"选项卡"修改"面板中的"分解"按钮，将绘制的矩形分解为直线 1、直线 2、直线 3 和直线 4。

❸ 偏移直线。单击"默认"选项卡"修改"面板中的"偏移"按钮 ⊑，将直线 1 依次向下，偏移量 18 和 34，并将直线 4 依次向左偏移 270 和 300，结果如图 10-18b 所示。

图 10-18　绘制、分解矩形并偏移直线

❹ 修剪图形。单击"默认"选项卡"修改"面板中的"修剪"按钮 ✂ 和"删除"按钮 ✐，修剪图形并删除多余的直线，结果如图 10-19a 所示。

❺ 拉长直线。单击"默认"选项卡"修改"面板中的"拉长"按钮 ╱，将直线 5 分别向上和向下拉长 250，结果如图 10-19b 所示。

❻ 偏移直线。单击"默认"选项卡"修改"面板中的"偏移"按钮 ⊑，将直线 5 分别向左和向右偏移 240，生成两条竖直直线 6 和 7，如图 10-20a 所示。

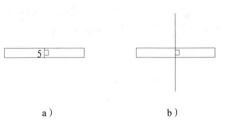

图 10-19　修剪和拉长直线

❼ 复制修剪图形。单击"默认"选项卡"修改"面板中的"复制"按钮 🖧 和"修剪"按钮 ✂，对图 10-20a 进行修改，完成热继电器图形符号的绘制，结果如图 10-20b 所示。

05 绘制风机图形符号。

❶ 绘制竖直直线。单击"默认"选项卡"绘图"面板中的"直线"按钮 ╱，绘制竖直直线 1{（1000,100），（1000,900）}。

❷ 偏移直线。单击"默认"选项卡"修改"面板

图 10-20　绘制热继电器图形符号

中的"偏移"按钮 ⊂，将竖直直线 1 向右依次偏移 240 和 240，生成竖直直线 2 和竖直直线 3，结果如图 10-21a 所示。

❸ 绘制圆。单击"默认"选项卡"绘图"面板中的"圆"按钮 ⊙，用鼠标捕捉竖直直线 2 的下端点，以其作为圆心绘制一个半径为 300 的圆，如图 10-21b 所示。

❹ 修剪图形。单击"默认"选项卡"修改"面板中的"修剪"按钮 ✂，以圆为剪切边，对竖直直线 1、竖直直线 2 和竖直直线 3 进行修剪，结果如图 10-21c 所示。

图 10-21 绘制风机图形符号

📖 10.2.4 绘制加热区图形符号

恒温烘房电气控制图中共有 3 个加热区，下面以其中一个加热区为例介绍加热区图形符号的绘制方法。

01 复制加热器图形符号。单击"默认"选项卡"修改"面板中的"复制"按钮 ❀，将前面绘制的加热器图形符号复制一份，并将复制的图形放大 8 倍，如图 10-22a 所示。

02 绘制连接线。单击"默认"选项卡"绘图"面板中的"直线"按钮 ╱，在"对象捕捉"和"正交"方式下，用鼠标捕捉 A 点，以其为起点，绘制长度分别为 900、400 和 600 的直线 1、直线 2 和直线 3，再捕捉 C 点，以其为起点，绘制长度为 460 的直线 4，结果如图 10-22b 所示。

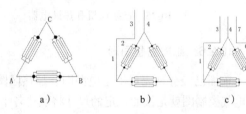

图 10-22 绘制连接线

03 镜像连接线。单击"默认"选项卡"修改"面板中的"镜像"按钮 ⚠，选择直线 1、直线 2 和直线 3 为镜像对象，以直线 4 为镜像线，镜像生成直线 5、直线 6 和直线 7，结果如图 10-22c 所示。

04 插入固态继电器。单击"默认"选项卡"修改"面板中的"移动"按钮 ✛，选择固态继电器图形符号为移动对象，用鼠标捕捉其向下接线头中最左边的接线头为基点，选择直线 3 的上端点为平移的目标点，并将固态继电器扩大 8 倍插入图中，结果如图 10-23 所示。

05 绘制加热区图形符号。采用同样的方法，分别插入交流接触器、熔断器和电源开关，并调整缩放比例，完成加热区图形符号的绘制，结果如图 10-24 所示。

图 10-23 插入固态继电器

图 10-24 绘制加热区图形符号

10.2.5 绘制循环风机模块

01 连接风机和热继电器。单击"默认"选项卡"修改"面板中的"移动"按钮 ✛，选择热继电器图形符号为对象，用鼠标捕捉其下方最左边的接线头（即图 10-25 中的 O 点）为基点，选择风机最左侧的接线头（即图 10-25 中的 P 点）为目标点，移动热继电器，将热继电器和风机连接起来，结果如图 10-25c 所示。

02 使用同样的方法，依次在上方的接线头插入交流接触器和电源开关，并调整缩放比例，完成循环风机模块的绘制，结果如图 10-26 所示。

图 10-25　连接风机和热继电器　　　　　　图 10-26　绘制循环风机模块

10.2.6 组成完整图形

前面已经分别完成了主电路图、加热区图形符号及循环风机模块等的绘制，完整的恒温烘房电气控制图就是按照规定的尺寸将上述各个图形组合起来生成的图形。

在组合过程中，可以单击"修改"工具栏中的"移动"按钮 ✛，将绘制的各部件图形符号插入到结构图中的相应位置，然后单击"默认"选项卡"修改"面板中的"修剪"按钮 ✂ 和"删除"按钮 ✍，删除掉多余的图形。在插入图形符号时，根据需要可以单击"默认"选项卡"修改"面板中的"缩放"按钮 ▱，调整图形符号的大小，以使整个图形美观整齐。绘制完成的恒温烘房电气控制图如图 10-27 所示。

图 10-27　完成绘制的恒温烘房电气控制图

📖 10.2.7 添加注释

01 创建文字样式。单击"默认"选项卡"注释"面板中的"文字样式"按钮 **A**，弹出"文字样式"对话框，创建一个"新样式名"为"标注"的文字样式，设置"字体名"为"仿宋 GB_2312"、"字体样式"为"常规"、"高度"为 100、"宽度因子"为 0.7。

02 添加注释文字。单击"默认"选项卡"注释"面板中的"多行文字"按钮 **A**，一次输入几行文字，然后再调整其位置，使文字对齐。调整位置时可结合使用"正交"命令。添加注释文字后的恒温烘房电气控制图如图 10-5 所示。

10.3 设计数控机床控制系统图

本例设计的数控机床控制系统图即 SINUMERIK820 控制系统图如图 10-28 所示。

图 10-28 SINUMERIK820 控制系统图

本节将详细讲解 SINUMERIK820 控制系统图的设计过程，具体步骤包括配置绘图环境、设置文件图层、布局系统模块、注释系统模块、设计模块接口、注释模块接口、添加文字说明和填写标题栏等。通过对本例的讲解，可使读者了解并掌握数控机床控制系统图的一般设计过程。该设计流程也可类推到其他型号的数控机床上。

📖 10.3.1 配置绘图环境

01 建立新文件。打开 AutoCAD 2024 应用程序，选择随书电子资料包中的"源文件

/ 样板图 /A2 样板图 .dwt"样板文件为模板建立新文件，将新文件命名为"SINUMERIK 820.dwg"，设置保存路径并保存。

02 开启栅格。单击状态栏中的"栅格"按钮▦，或者按快捷键 F7，在绘图区中显示栅格，命令行中会提示"命令 :< 栅格 开 >"。若想关闭栅格，可以再次单击状态栏中的"栅格"按钮▦，或者按快捷键 F7。

📖 10.3.2 绘制及注释模块

01 绘制模块。

❶ 为了方便图层的管理和操作，本设计项目创建了粗实线、细实线、文字、模块层、标注层和连接层 6 个图层。各图层的属性设置如图 10-29 所示。

图 10-29 设置图层

❷ 在该类控制图中，各个功能模块通常以矩形表示，同类模块的大小相同，各个模块按逻辑功能布局。在布局模块的过程中，可重复调用"矩形"命令绘制各类模块，再调用"复制"命令复制生成同类模块，以避免多次绘制矩形带来的不便。

1）选择"模块层"为当前图层。单击"默认"选项卡"绘图"面板中的"矩形"按钮 ▢，绘制各类模块，结果如图 10-30 所示。

2）单击"默认"选项卡"修改"面板中的"复制"按钮 🗇 和"镜像"按钮 ⚠，对其中部分模块进行复制，完成全部模块的绘制，结果如图 10-31 所示。

图 10-30 绘制各类模块

图 10-31 绘制全部模块

其中各个模块的大小（长 × 宽）为：

EPROM 模块	20×40
LED 模块	40×30
RS232 模块	20×40
外部机床控制面板	50×30
系统程序存储模块	60×30
接口模块	50×30
按键	40×40
软键	40×40
I/O 子模块	60×30
手轮子模块	60×30
总线	460×20
位置控制模块	60×30
CPU	50×30
电源模块	120×30
文字图形模块	60×30
存储器电池	40×40
适配器	40×40
CRT	50×30

02 注释模块。选择"标注层"为当前图层，单击"默认"选项卡"注释"面板中的"多行文字"按钮 **A**，设置"字体"为"仿宋 _GB2312"、"字号"为 5，为各个模块添加文字注释，结果如图 10-32 所示。对相同的文字注释，可通过单击"默认"选项卡"修改"面板中的"复制"按钮 🖧 进行复制，以减少设置文字格式的工作量。

图 10-32　添加模块注释

📖 10.3.3 连接模块

01 绘制及注释模块接口。

❶ 单击"默认"选项卡"绘图"面板中的"矩形"按钮 ▭ ，绘制各个模块的接口，如图 10-33 所示。

图 10-33 绘制模块接口

❷ 选择"标注层"为当前图层。单击"默认"选项卡"注释"面板中的"多行文字"按钮 **A** ，设置"字体"为"仿宋_GB2312"、"字号"为 5，为各个模块接口添加注释，如图 10-34 所示。

图 10-34 添加模块接口注释

02 连接模块。选择"连接层"为当前图层，单击"默认"选项卡"绘图"面板中的"多段线"按钮 ，绘制箭头。然后绘制直线，按逻辑关系连接各个模块接口，如图 10-35 所示。

图 10-35　连接模块接口

10.3.4　添加其他文字说明

01 选择"文字层"作为当前图层，单击"默认"选项卡"注释"面板中的"多行文字"按钮 **A**，设置"字体"为"仿宋_GB2312"、"字号"选为 5，为该系统图添加其他文字说明，以便于图纸的阅读，如图 10-36 所示。

图 10-36　添加其他文字说明

02 填写标题栏。在图纸的标题栏中填写设计者姓名、设计项目名称、设计时间、图号和比例等内容。

 10.4 上机实验

实验 绘制如图 10-37 所示的多指灵巧手控制电路图

 操作提示

1) 绘制多指灵巧手控制系统图。
2) 绘制低压电气图。
3) 绘制主控系统图。

图 10-37 多指灵巧手控制电路图

10.5 思考与练习

绘制如图 10-38 所示的液位自动控制器电路原理图。

图 10-38 液位自动控制器电路原理图

第 章

电力电气工程图设计

电能的生产、传输和使用是同时进行的。为了降低线路损耗，从发电厂出来的电力需要经过升压后才能够输送到远方。输电电压一般很高，普通用户不能直接使用，高压电要经过变电站变压才能分配给用户使用。本章将对变电站断面图和高压开关柜的绘制进行讲解。

学 习 要 点

绘制变电站断面图 ◎
绘制高压开关柜 ◎

11.1　电力电气工程图简介

电能的生产、传输和使用是同时进行的。发电厂生产的电能，除一小部分供给本厂和附近用户使用，其余绝大部分要经过升压变电站将电压升高，由高压输电线路送至距离很远的负荷中心，再经过降压变电站将电压降低到用户所需要的电压等级，分配给用户使用。由此可知，电能从生产到应用一般需要五个环节来完成，即发电→输电→变电→配电→用电，其中配电又根据电压等级不同分为高压配电和低压配电。

由各种电压等级的电力线路将各种类型的发电厂、变电站和电力用户联系起来的一个发电、输电、变电、配电和用电的整体称为电力系统。电力系统由发电厂、变电所、线路和用户组成。变电所和输电线路是联系发电厂和用户的中间环节，起着变换和分配电能的作用。

11.1.1　变电工程

为了更好地了解变电工程图，下面先对变电工程的重要组成部分——变电所做简要介绍。

电力系统中的变电所通常按其在系统中的地位和供电范围分成以下几类：

1）枢纽变电所：电力系统的枢纽点，连接电力系统高压和中压的几个部分，汇集多个电源。电压为 330～500kV 的变电所称为枢纽变电所，其停电将引起系统解列甚至瘫痪。

2）中间变电所：以交换潮流为主，起系统交换功率的作用，或使长距离输电线路分段，一般汇集 2～3 个电源，电压为 220～330kV，同时还降压后供给当地用电。这样的变电所主要起中间环节的作用，所以叫作中间变电所。全所停电后，将引起区域网络解列。

3）地区变电所：高压侧电压一般为 110～220kV，是对地区用户供电为主的变电所。全所停电后，仅使该地区中断供电。

4）终端变电所：在输电线路的终端接近负荷点，高压侧电压多为 110kV。经降压后直接向用户供电的变电所即为终端变电所。全所停电后，只是用户受到损失。

11.1.2　变电工程图

为了能够准确清晰地表达电力变电工程各种设计意图，就必须采用变电工程图。简单来说，变电工程图就是对变电站、输电线路各种接线形式和各种具体情况的描述。它的意义就在于用统一直观的标准来表达变电工程的各方面。

变电工程图的种类很多，包括主接线图、二次接线图、变电所平面布置图、变电所断面图、高压开关柜原理图及布置图等，每种情况各不相同。

11.1.3　输电线路

1. 输电线路任务

发电厂、输电线路、升降压变电站以及配电设备和用电设备构成电力系统。为了减少系统备用容量，错开高峰负荷，实现跨区域、跨流域调节，增强系统的稳定性，提高抗冲击负荷的能力，可在电力系统之间采用高压输电线路进行联网。电力系统联网既提高了系统的安全性、可靠性和稳定性，又可实现经济调度，使各种能源得到充分利用。起系统联络作用的输电线路可进行电能的双向输送，实现系统间的电能交换和调节。

因此，输电线路的任务就是输送电能，并联络各发电厂、变电所，使之并列运行，实现电力系统联网。高压输电线路是电力系统的重要组成部分。

2. 输电线路分类

输送电能的线路通称为电力线路。电力线路有输电线路和配电线路之分。由发电厂向电力负荷中心输送电能的线路以及电力系统之间的联络线路称为输电线路，由电力负荷中心向各个电力用户分配电能的线路称为配电线路。电力线路按电压等级分为低压、高压、超高压和特高压线路。一般来说，输送电能容量越大，线路采用的电压等级就越高。输电线路按结构特点分为架空线路和电缆线路。架空线路结构简单，具有施工简便、建设费用低、施工周期短、检修维护方便、技术要求较低等优点，得到了广泛的应用。电缆线路受外界环境因素的影响小，但需用特殊加工的电力电缆，费用高，施工及运行检修的技术要求高。

目前我国电力系统广泛采用的是架空输电线路，架空输电线路一般由导线、避雷线、绝缘子、金具、杆塔、杆塔基础、接地装置和拉线几部分组成。

1）导线是固定在杆塔上输送电流用的金属线。目前在输电线路设计中一般采用钢芯铝绞线，局部地区采用铝合金线。

2）避雷线的作用是防止雷电直接击于导线上并把雷电流引入大地。避雷线常用镀锌钢绞线，也有采用铝包钢绞线的。目前国内外大都采用绝缘避雷线。

3）绝缘子主要有针式绝缘子、悬式绝缘子和瓷横担绝缘子等。

4）通常把输电线路使用的金属部件总称为金具，它的类型繁多，主要有连接金具、连续金具、固定金具、防震锤、间隔棒、均压屏蔽环等几种类型。

5）杆塔的作用是支撑导线和避雷线。按照杆塔材料的不同分为木杆、铁杆、钢筋混凝土杆，国外还采用了铝合金杆塔。杆塔可分为直线型和耐张型两类。

6）杆塔基础是用来支撑杆塔的设施，分为钢筋混凝土杆塔基础和铁杆塔基础两类。

7）接地装置是埋设在基础土壤中的圆钢、扁钢、角钢、钢管或其组合式结构。它与避雷线或杆塔直接相连，当雷击杆塔或避雷线时能将雷电引入大地，可防止雷电击穿绝缘子串的事故发生。

8）拉线的使用是为了节省杆塔钢材。国内外广泛使用带拉线杆塔。拉线材料一般为镀锌钢绞线。

11.2 绘制变电站断面图

本例绘制的变电站断面图如图 11-1 所示。

图 11-1　变电站断面图

1—所用变压器　2—杆塔　3—真空断路器　4—铝绞线　5—隔离开关　6—套管　7—高压互感器
8—悬式绝缘子串　9—避雷器　10—耐张绝缘子串

变电站断面图的结构比较简单，但是各部分之间的位置关系必须严格按规定尺寸来布置。绘图思路如下：首先设计图纸布局，确定各主要部件在图中的位置；然后分别绘制各杆塔，通过杆塔的位置大致定出整个图样的结构；接着分别绘制各主要电气设备图形符号，再把电气设备图形符号插入到对应的杆塔上；最后添加注释和尺寸标注，完成整张图的绘制。

11.2.1 设置绘图环境

01 单击快速访问工具栏中的"新建"按钮 ，以"无样板打开 - 公制"创建一个新的文件，并将其另存为"变电站断面图"。

02 单击菜单栏中的"格式"→"图形界限"按钮，分别设置图形界限的两个角点坐标，其中左下角点为（0,0），右上角点为（50000,90000）。命令行提示与操作如下：

```
命令：limits ↙
重新设置模型空间界限：
指定左下角点或 [ 开 (ON)/ 关 (OFF)] <0.0000,0.0000>: ↙
指定右上角点 <211.0000,297.0000>:50000，90000 ↙
```

03 单击"默认"选项卡"图层"面板中的"图层特性"按钮，打开"图层特性管理器"选项板。创建"轮廓线层""实体符号层""连接线层"和"中心线层"4 个图层，设置各图层的颜色、线型及线宽如图 11-2 所示。

图 11-2 设置图层

11.2.2 图纸布局

01 将"轮廓线层"设置为当前图层。单击"默认"选项卡"绘图"面板中的"直线"按钮 ，绘制水平直线 {（5000,1000）、（45000,1000）}，如图 11-3 所示。

图 11-3 绘制水平直线

02 单击"视图"选项卡"导航"面板中的"缩放"按钮 和"平移"按钮 ，调整视图的大小和位置，使其易于观察。

03 单击"默认"选项卡"修改"面板中的"偏移"按钮 ，将直线 1 依次向下偏移

3000、1300 和 2700，生成直线 2～直线 4，结果如图 11-4 所示。

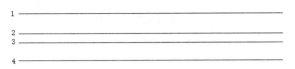

图 11-4　偏移水平直线

04 将"中心线层"设置为当前图层。

05 单击"默认"选项卡"绘图"面板中的"直线"按钮 ╱，并开启"对象捕捉"功能，用鼠标分别捕捉直线 1 和直线 4 的左端点，绘制直线 5。

06 单击"默认"选项卡"修改"面板中的"偏移"按钮 ⊂，将直线 5 依次向右偏移 4000、16000、16000 和 4000，生成直线 6～直线 9，完成图纸布局，结果如图 11-5 所示。

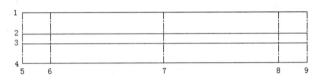

图 11-5　图纸布局

📖 11.2.3　绘制杆塔图形符号

本节将在已经绘制完成的图纸布局的基础上，在直线 5～直线 9 的位置分别绘制对应的杆塔图形符号。其中，杆塔 1 和杆塔 5、杆塔 2 和杆塔 4 分别关于直线 7 对称，因此只需要绘制出杆塔 1～杆塔 3 图形符号，然后通过镜像就可以由杆塔 1 和杆塔 2 图形符号生成杆塔 4 和杆塔 5 图形符号。完成杆塔图形符号绘制的架构图如图 11-6 所示。

图 11-6　绘制架构图

01 使用"多线"命令绘制杆塔 1 图形符号。

❶ 将"实体符号层"设置为当前图层。

❷ 选择菜单栏中的"绘图"→"多线"选项，绘制两条竖直线。命令行提示与操作如下：

```
命令：_mline
当前设置：对正 = 上，比例 = 20.00，样式 = STANDARD
指定起点或 [ 对正 (J)/ 比例 (S)/ 样式 (ST)]：S ✓
```

输入多线比例 <20.00>: 500 ↙
当前设置：对正 = 上，比例 = 500.00，样式 = STANDARD
指定起点或 [对正 (J)/ 比例 (S)/ 样式 (ST)]: J ↙
输入对正类型 [上 (T)/ 无 (Z)/ 下 (B)] < 上 >: Z ↙
当前设置：对正 = 无，比例 = 500.00，样式 = STANDARD
指定起点或 [对正 (J)/ 比例 (S)/ 样式 (ST)]:

调用"对象捕捉"功能，捕捉多线的起点，移动光标，使直线保持竖直，按照提示，在"指定下一点"右侧的文本框中输入下一点距离起点的距离 2700，如图 11-7 所示。然后按 Enter 键，绘制多线，结果如图 11-8 所示。

图 11-7　输入距离　　　　　　　　　　　　　　　图 11-8　绘制多线

❸ 在"对象追踪"方式下，单击"默认"选项卡"绘图"面板中的"直线"按钮 ╱，用鼠标分别捕捉直线 1 和直线 2 的上端点，绘制一条水平直线。单击"默认"选项卡"修改"面板中的"偏移"按钮 ⊂，将此水平直线依次向上偏移 3 次，偏移量分别为 40、70 和 35，生成 3 条水平直线，结果如图 11-9 所示。

❹ 单击"默认"选项卡"修改"面板中的"偏移"按钮 ⊂，将中心线分别向左右偏移 120，生成两条竖直直线。

❺ 单击"默认"选项卡"修改"面板中的"修剪"按钮 ⁊，修剪掉多余线段，并将对应直线的端点连接起来，完成杆塔 1 图形符号的绘制，结果如图 11-10 所示。

图 11-9　偏移水平直线　　　　　　　　　　　　　图 11-10　绘制杆塔 1 图形符号

(02) 绘制杆塔 2 图形符号的方法与绘制杆塔 1 图形符号类似，只是将多线的中点距起点的距离设置为 3700。

(03) 绘制杆塔 3 图形符号。

❶ 利用"对象捕捉"功能，用鼠标捕捉基点，单击"默认"选项卡"绘图"面板中的"直线"按钮 ╱，以基点为起点，向左绘制一条长度为 1000 的水平直线 1。

❷ 单击"默认"选项卡"修改"面板中的"偏移"按钮 ⊂，将直线 1 向上依次偏移 2700 和 2900，生成直线 2 和直线 3，结果如图 11-11a 所示。

❸ 单击"默认"选项卡"修改"面板中的"偏移"按钮 ⊏，将竖直中心线向左依次偏移 250 和 450，生成直线 4 和直线 5，结果如图 11-11b 所示。

❹ 更改图形对象的图层属性。选择直线 4 和直线 5，单击"默认"选项卡"图层"面板中的下三角按钮 ✓，弹出下拉菜单，单击"实体符号层"，将其图层属性设置为"实体符号层"。

❺ 单击"默认"选项卡"修改"面板中的"修剪"按钮 ✂，修剪掉多余的直线，结果如图 11-11c 所示。

❻ 单击"默认"选项卡"修改"面板中的"镜像"按钮 ⚞，选择图 11-11c 中的所有图形，以中心线为镜像线，镜像图形，完成杆塔 3 图形符号的绘制，结果如图 11-11d 所示。

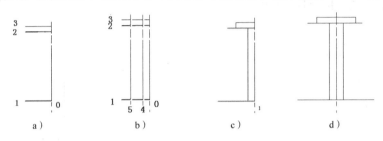

图 11-11　绘制杆塔 3 图形符号

04 绘制杆塔 4 和杆塔 5 图形符号。单击"默认"选项卡"修改"面板中的"镜像"按钮 ⚞，以杆塔 1 和杆塔 2 为对象，以杆塔 3 的中心线为镜像线，镜像生成杆塔 4 和杆塔 5 图形符号。

05 单击"默认"选项卡"修改"面板中的"偏移"按钮 ⊏，将杆塔 2 的中心线向右偏移两次，作为断开线，然后将偏移后的直线改为双点画线，再以杆塔 3 的中心线为镜像线进行镜像。

📖 11.2.4　绘制各电气设备图形符号

01 绘制绝缘子图形符号。

❶ 单击"默认"选项卡"绘图"面板中的"矩形"按钮 ▭，绘制一个长为 160、宽为 340 的矩形，如图 11-12a 所示。

❷ 单击"默认"选项卡"修改"面板中的"分解"按钮 🗇，将绘制的矩形分解为直线 1、直线 2、直线 3 和直线 4。

❸ 单击"默认"选项卡"修改"面板中的"偏移"按钮 ⊏，将直线 2 向右偏移 80，生成直线 L。

❹ 单击"默认"选项卡"修改"面板中的"拉长"按钮 ╱，将直线 L 向上拉长 60，拉长后直线的上端点为 O，如图 11-12b 所示。

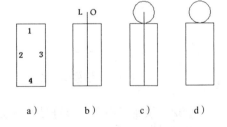

图 11-12　绘制绝缘子图形符号

❺ 单击"默认"选项卡"绘图"面板中的"圆"按钮 ⊙，在"对象捕捉"方式下用鼠标捕捉 O 点，绘制一个半径为 60 的圆（此圆与前面绘制的矩形的一边刚好相切），如图 11-12c 所示。然后删除掉直线 L，完成绝缘子图形符号的绘制，结果如图 11-12d 所示。

❻ 单击"插入"选项卡"块定义"面板中的"创建块"按钮 🖽，弹出"块定义"对话框，

如图 11-13 所示。在"名称"文本框中输入"绝缘子",在绘图区用鼠标捕捉矩形的左下角点作为基点,如图 11-14 所示。"对象"选择整个绝缘子,"块单位"设置为"毫米","方式"选择"按统一比例缩放",然后单击"确定"按钮,生成"绝缘子"图块。

图 11-13 "块定义"对话框 | 图 11-14 捕捉左下角点

❼ 单击"默认"选项卡"绘图"面板中的"矩形"按钮 □,绘制一个长为 900、宽为 730 的矩形。单击"默认"选项卡"修改"面板中的"分解"按钮,将绘制的矩形分解为直线 1、直线 2、直线 3 和直线 4。

❽ 单击"默认"选项卡"修改"面板中的"偏移"按钮 ,将直线 1 向右偏移 95,生成直线 5,再将直线 2 向左偏移 95,生成直线 6,如图 11-15 所示。

图 11-15 偏移直线

❾ 单击"默认"选项卡"块"面板中的"插入"按钮 ,选择"插入"下拉菜单中的"绝缘子"图块,如图 11-16 所示。分别选择矩形的 4 个角点作为插入点,设置绝缘子 1 和绝缘子 3 的插入旋转角度为 270°。绝缘子 2 和绝缘子 4 的插入旋转角度为 90°,插入图块,结果如图 11-17 所示。

图 11-16 选择"绝缘子"图块

图 11-17 插入图块

02 绘制高压互感器图形符号。

❶ 单击"默认"选项卡"绘图"面板中的"矩形"按钮 ▭，绘制一个长为 236、宽为 410 的矩形。

❷ 单击"默认"选项卡"修改"面板中的"分解"按钮 ⬚，将绘制的矩形分解为 4 条直线。然后单击"默认"选项卡"修改"面板中的"偏移"按钮 ⬚，将其中一条竖直直线向中心方向偏移 118，生成竖直方向的中心线。单击"默认"选项卡"修改"面板中的"拉长"按钮 ╱，将此中心线向上拉长 200，向下拉长 100。选定中心线，单击"默认"选项卡"图层"面板中的下三角按钮 ▾，弹出下拉菜单，单击"中心线层"，将其图层属性设置为"中心线层"。绘制完成的矩形及其中心线如图 11-18a 所示。

❸ 单击"默认"选项卡"修改"面板中的"圆角"按钮 ⌐，采用修剪、角度、距离模式，设置圆角的半径为 18，对矩形上边两个角倒圆。命令行提示与操作如下：

命令：_fillet
当前设置：模式 = 修剪，半径 = 0.0000
选择第一个对象或 [放弃 (U)/ 多段线 (P)/ 半径 (R)/ 修剪 (T)/ 多个 (M)]：R
指定圆角半径 <0.0000>：18
选择第一个对象或 [放弃 (U)/ 多段线 (P)/ 半径 (R)/ 修剪 (T)/ 多个 (M)]：
选择第二个对象，或按住 Shift 键选择对象以应用角点或 [半径 (R)]：（选择矩形的上边和左边直线）

采用同样方法，采用修剪、角度、距离模式，设置圆角的半径为 60，对矩形的下边两个角倒圆，结果如图 11-18b 所示。

❹ 单击"默认"选项卡"修改"面板中的"偏移"按钮 ⬚，将直线 AC 向下偏移 40，并调用"拉长"命令，将偏移得到的直线向两端分别拉长 75，结果如图 11-18c 所示。

❺ 单击"默认"选项卡"绘图"面板中的"圆弧"按钮 ⌒，绘制圆弧。命令行提示与操作如下：

命令：_arc ↙
指定圆弧的起点或 [圆心 (C)]：（捕捉 A 点）
指定圆弧的第二个点或 [圆心 (C)/ 端点 (E)]：E ↙
指定圆弧的端点：（捕捉 B 点）
指定圆弧的中心点 (按住 Ctrl 键以切换方向) 或 [角度 (A)/ 方向 (D)/ 半径 (R)]：R ↙
指定圆弧的半径 (按住 Ctrl 键以切换方向)：80 ↙

采用同样的方法，选择圆弧的起点和端点分别为 C 和 D，设置半径为 80，绘制第二段圆弧，结果如图 11-18d 所示。

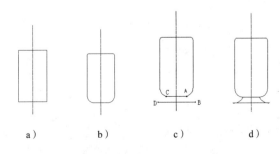

a)　　　　　　b)　　　　　　c)　　　　　　d)

图 11-18　绘制圆角矩形和圆弧

⑥ 单击"默认"选项卡"绘图"面板中的"直线"按钮╱，绘制一条长为 200 的竖直直线。以此直线为中心线，单击"默认"选项卡"绘图"面板中的"矩形"按钮 ▢，分别绘制 3 个矩形 A、B、C，其中矩形 A 长 22、宽 20，矩形 B 长 90、宽 100，矩形 C 长 64、宽 64，如图 11-19a 所示。

⑦ 单击"默认"选项卡"修改"面板中的"移动"按钮 ✛，移动矩形 A、矩形 B 和矩形 C，结果如图 11-19b 所示。

⑧ 单击"默认"选项卡"修改"面板中的"偏移"按钮 ⊑，将图 11-18 中的直线 BD 向上偏移 210，与圆角矩形分别交于点 M 和点 N。

⑨ 单击"默认"选项卡"绘图"面板中的"圆弧"按钮 ╱，采用"三点"模式，绘制，起点和端点分别为 M 点和 N 点、角度为 −270° 的圆弧然后删除偏移的直线，完成高压互感器图形符号的绘制，结果如图 11-19c 所示。

图 11-19　绘制高压互感器图形符号

03 绘制真空断路器图形符号。

❶ 将"中心线层"设置为当前图层。单击"默认"选项卡"绘图"面板中的"直线"按钮 ╱，绘制长度为 1000 的直线 1。

❷ 将当前图层由"中心线层"切换为"实体符号层"。

❸ 启动"正交"和"对象捕捉"功能，单击"默认"选项卡"绘图"面板中的"直线"按钮 ╱，分别绘制长度分别为 200、700 和 500 的直线 2、直线 3 和直线 4，如图 11-20a 所示。

❹ 关闭"正交"方式，单击"默认"选项卡"绘图"面板中的"直线"按钮 ╱，用鼠标分别捕捉直线 2 的右端点和直线 3 的上端点，绘制直线 5，如图 11-20b 所示。

❺ 单击"默认"选项卡"修改"面板中的"镜像"按钮 ◭，选择直线 2、直线 3、直线 4 和直线 5 为镜像对象，选择直线 1 为镜像线，进行镜像操作。

❻ 单击"默认"选项卡"修改"面板中的"拉长"按钮 ╱，选择直线 1 为拉长对象，将直线 1 分别向上和向下各拉长 200，结果如图 11-20c 所示。

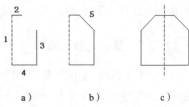

图 11-20　绘制草图

❼ 单击"默认"选项卡"修改"面板中的"偏移"按钮 ⊑，将中心线向右偏移 350，与倾斜边交于点 N，如图 11-21a 所示。

❽ 单击"默认"选项卡"绘图"面板中的"直线"按钮 ╱，绘制一长度为 800 的竖直直

线，并将此直线图层属性设置为"中心线层"。单击"绘图"工具栏中的"矩形"按钮 □，绘制两个关于中心线对称的矩形 A 和 B，其中矩形 A 的长和宽分别为 90、95，矩形 B 的长和宽分别为 160、450，中心线和矩形 B 底边的交点为 M，如图 11-21b 所示。

❾ 单击"默认"选项卡"修改"面板中的"移动"按钮 ✛，按照点 M 和点 N 重合的原则，用鼠标捕捉点 M 作为移动的基点，用鼠标捕捉点 N 作为移动的终点，然后单击"默认"选项卡"修改"面板中的"旋转"按钮 ↻，将图 11-21b 所示的图形以点 N 为基点旋转 −45°。

图 11-21　绘制真空断路器图形符号

❿ 单击"默认"选项卡"修改"面板中的"镜像"按钮 ⚟，以图 11-21b 所示的图形为镜像对象，以图形的中心线为镜像线，进行镜像操作，结果如图 11-21c 所示。

04 绘制避雷器图形符号。

❶ 单击"默认"选项卡"绘图"面板中的"矩形"按钮 ▭，绘制长为 220、宽为 800 的矩形，如图 11-22a 所示。

❷ 单击"默认"选项卡"修改"面板中的"分解"按钮 🗗，将刚绘制的矩形分解为四条直线。

❸ 单击"默认"选项卡"修改"面板中的"偏移"按钮 ⟜，将矩形的上、下两边分别向下和向上偏移 90，如图 11-22b 所示。

❹ 单击"默认"选项卡"修改"面板中的"偏移"按钮 ⟜，将矩形的左边向右偏移 110，得到矩形的中心线。

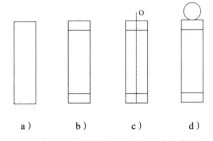

图 11-22　绘制避雷器图形符号

❺ 单击"默认"选项卡"修改"面板中的"拉长"按钮 ∕，选择中心线为拉长对象，将中心线向上拉长 85，如图 11-22c 所示。

❻ 单击"默认"选项卡"绘图"面板中的"圆"按钮 ⊙，在"对象捕捉"方式下，用鼠标捕捉点 O 为圆心，绘制一个半径为 85 的圆。

❼ 用鼠标选择中心线，单击"默认"选项卡"修改"面板中的"删除"按钮 ⌫，或者直接单击 Delete 键，删除中心线，完成避雷器图形符号的绘制，结果如图 11-22d 所示。

📖 11.2.5　插入电气设备

前面已经分别完成了架构图和各主要电气设备图形符号的绘制，本节将介绍如何把绘制完成的各主要电气设备图形符号插入到架构图的相应位置。

注意
1）可以使用"对象捕捉"功能，使得电气设备图形能够准确定位到适当的位置。
2）可以调用"缩放"命令，调整各图形符号到适当的尺寸，以保证图样整齐和美观。

插入电气设备图形符号后的图形如图 11-23 所示。

图 11-23　插入电气设备图形符号

 11.2.6　绘制连接导线

01 将当前图层从"实体符号层"切换为"连接线层"。

02 单击"默认"选项卡"绘图"面板中的"直线"按钮 ╱ 和"圆弧"按钮 ╭，绘制连接导线。在绘制过程中，可使用"对象捕捉"命令，捕捉导线的连接点。

> **⚠ 注意**
>
> 　　绘制连接导线的过程中可以使用"夹点编辑"命令调整圆弧的方向和半径，使导线的方向和角度最佳。

打开夹点的步骤如下：

1）单击"工具"菜单中的"选项"，打开"选项"对话框。

2）在"选项"对话框的"选择集"选项卡中选择"启用夹点"。

3）单击"确定"按钮。

下面以图 11-24a 所示的圆弧为例介绍夹点编辑的方法。

1）用鼠标拾取圆弧，在圆弧上和圆弧周围显示出标志 ■ 和 ◀，如图 11-24b 所示。

2）用鼠标拾取标志 ■ 或 ◀，按住鼠标左键不放，在绘图区中移动，被选择的图形形状会发生变化。

利用这种方法，可以调整导线中圆弧的方向、角度和半径。图 11-24c 所示为调整过程中圆弧的变化情况。

a)　　　　　　b)　　　　　　c)

图 11-24　夹点编辑

图 11-25 所示为完成导线绘制的变电站断面图。

图 11-25　完成导线绘制的变电站断面图

11.2.7　标注尺寸和图例

01 标注尺寸。

❶ 单击"默认"选项卡"注释"面板中的"标注样式"按钮，弹出"标注样式管理器"对话框。单击"新建"按钮，弹出"创建新标注样式"对话框，设置"新样式名"为"变电站断面图标注样式"。单击"继续"按钮，打开"新建标注样式"对话框，设置"超出尺寸线"为50、"起点偏移量"为50、"箭头"为"倾斜"、"箭头大小"为100、"文字高度"为300、"精度"为0。

❷ 单击"默认"选项卡"注释"面板中的"线性"按钮和"连续"按钮，为图形标注尺寸，结果如图 11-26 所示。

图 11-26　标注尺寸

02 标注电气图形符号。

❶ 单击"默认"选项卡"注释"面板中的"文字样式"按钮或者在命令行输入"STYLE"命令，弹出"文字样式"对话框，如图 11-27 所示。

❷ 在"文字样式"对话框中单击"新建"按钮，设置"新样式名"为"工程字"，单击"确定"按钮。

❸ 在"字体名"下拉列表中选择"仿宋_GB2312"。

❹ "高度"采用默认值 400。

❺ 输入"宽度因子"为 0.7，"倾斜角度"采用默认值 0。

❻ 检查预览区文字外观，如果合适则单击"应用"按钮。

图 11-27 "文字样式"对话框

❼ 单击"默认"选项卡"绘图"面板中的"直线"按钮 ╱，绘制各个电气元件的引线。

❽ 单击"默认"选项卡"注释"面板中的"多行文字"按钮 A，或者在命令行输入 MTEXT 命令。在屏幕上拾取一个点作为矩形框的左上角点，另一点为右下角点，弹出"文字编辑器"选项卡和多行文字编辑器。

❾ 输入件号，单击"关闭"按钮。

❿ 用同样的方法，输入件号注释。

图 11-1 所示为绘制完成的变电站断面图。

11.3 绘制高压开关柜

本节绘制的 HXGN26-12 高压开关柜配电图如图 11-28 所示，其各柜间的相对位置与实际排列位置一致。该图有以下两个特点：

图 11-28 HXGN26-12 高压开关柜配电图

1）特殊性。该图的整个框架是按照表格来布置的，因此需要注意按照表格的位置来设置表格内的内容。

2）普遍性。该图和普通电气图类似，即表格的电气图形符号也是通过连线连接起来的。

基于以上分析，本图的绘制思路是：先绘制表格，然后分别绘制各部分的电气图形符号，再把电气图形符号插入到表格中，最后加上文字注释。

11.3.1 设置绘图环境

01 单击快速访问工具栏中的"新建"按钮，以"无样板打开 - 公制"创建一个新的文件，并将其另存为"高压开关柜"。

02 单击"默认"选项卡"图层"面板中的"图层特性"按钮，打开"图层特性管理器"选项板，创建"标注层""图框层"和"图形符号层"3 个图层，设置各图层的"颜色""线型"及"线宽"分别如图 11-29 所示。

图 11-29　设置图层

11.3.2 图纸布局

01 将"图形符号层"设置为当前图层，单击"默认"选项卡"绘图"面板中的"直线"按钮，绘制水平直线 1{（100,100），（465,100）}，如图 11-30 所示。

图 11-30　绘制水平直线 1

02 单击"视图"选项卡"导航"面板中的"缩放"按钮，调整视图大小使其易于观察。

03 单击"默认"选项卡"修改"面板中的"偏移"按钮，将水平直线 1 依次向下偏移 13、13、13、160 和 22，生成一组水平直线。

04 单击"默认"选项卡"绘图"面板中的"直线"按钮，并启动"对象追踪"功能，用鼠标分别捕捉水平直线 1 和最下面一条水平直线的左端点，绘制一条竖直直线。

05 单击"默认"选项卡"修改"面板中的"偏移"按钮，将刚绘制的竖直直线依次向右偏移 50、70、80、80 和 85，生成一组竖直直线。已绘制的水平直线和竖直直线构成了如

图 11-31 所示的表格，即为高压开关柜配电图的图纸布局。

图 11-31　图纸布局

📖 11.3.3　绘制电气图形符号

01 绘制接地线图形符号。

❶ 单击"默认"选项卡"绘图"面板中的"直线"按钮 ╱，绘制直线 1{（20,20），（22,20）}，如图 11-32a 所示。

❷ 单击"默认"选项卡"修改"面板中的"偏移"按钮 ⊏，将直线 1 依次向上偏移 1，生成直线 2 和直线 3，如图 11-32b 所示。

❸ 将直线 2 向左、右两端分别拉长 0.5，将直线 3 向左、右两端分别拉长 1，如图 11-32c 所示。

图 11-32　绘制直线

❹ 单击"默认"选项卡"绘图"面板中的"直线"按钮 ╱，在"对象捕捉"和"正交"方式下用鼠标捕捉直线 3 的左端点，以其为起点绘制长度为 7 的竖直直线 4，如图 11-33a 所示。

❺ 单击"默认"选项卡"修改"面板中的"移动"按钮 ✛，将竖直直线 4 向右平移 2，结果如图 11-33b 所示。

❻ 单击"默认"选项卡"绘图"面板中的"直线"按钮 ╱，在"对象捕捉"和"正交"方式下用鼠标捕捉直线 4 的上端点，以其为起点向右绘制长度为 11 的水平直线 5，完成接地线图形符号的绘制，结果如图 11-33c 所示。

02 绘制双绕组变压器图形符号。

❶ 单击"默认"选项卡"绘图"面板中的"圆"按钮 ⊙，绘制一个半径为 3 的圆 O，如图 11-34a 所示。

❷ 单击"默认"选项卡"修改"面板中的"复制"按钮 ⅍，复制圆 O，并以圆 O 的圆心为基点，将复制后的圆向上平移 5，完成双绕组变压器图形符号的绘制，结果如图 11-34b 所示。

03 采用同样的方法，完成其他电气图形符号的绘制。

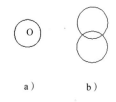

图 11-33　绘制接地线图形符号　　　　　图 11-34　绘制双绕组变压器图形符号

📖 11.3.4　连接各柜内电气设备

01 连接各电气设备，生成如图 11-35 所示的 1～4 号柜的电气图。

02 绘制连接 1～4 号电气柜的连线。绘制连线时要注意尺寸的分配，以保证每个柜内的电气设备刚好在对应的表格内。

📖 11.3.5　添加注释及文字

01 添加注释。

❶ 将"标注层"设置为当前图层，创建一个"新样式名"为"注释文字"、"字体名"为"宋体"、"高度"为3、"宽度因子"为1、"倾斜角度"为0的文字样式。

❷ 调用"多行文字"命令输入文字，然后将文字旋转90°，移动到适当的位置，结果如图 11-36 所示。

02 添加文字。

图 11-35　1～4 号柜的电气图

图 11-36　添加注释

❶ 创建一个"新样式名"为"表格文字"、"字体名"为"宋体"、"高度"为 6、"宽度因子"为 1、"倾斜角度"为 0 的文字样式。

❷ 在各表格内添加文字，除"一次系统图"外，其他文字都水平放置。

❸ 创建一个"新样式名"为"竖直文字"的文字样式，在"文字样式"对话框"效果"选项组中勾选"垂直"复选框，设置"字体名"为"txt.shx"，并勾选"使用大字体"复选框，设置"大字体"为"hztxt.shx"，设置"高度"为 10、"宽度因子"为 1、"倾斜角度"为 0。在"竖直文字"样式下，在左边第四格中输入"一次系统图"。

注意

设置所有的文字都位于表格中央的方法如下：键入文字后选定文字，双击，弹出"文字格式"工具条，在左下方单击按钮，待该按钮变白即可。

11.4 上机实验

实验　绘制如图 11-37 所示的电杆安装三视图

操作提示

1）绘制杆塔。
2）绘制各电气元件图形符号。
3）插入电气元件图形符号。
4）标注尺寸。

图 11-37　电杆安装三视图

11.5 思考与练习

绘制如图 11-38 所示的耐张线夹装配图。

图 11-38　耐张线夹装配图

第 **12** 章

通信工程图设计

通信工程图是一类比较特殊的电气图，它与传统的电气图不同。通信工程图是最近发展起来的一类电气图，主要应用于通信领域。本章将介绍通信系统基础知识，并通过两个通信工程的实例讲解绘制通信工程图的一般方法。

学 习 要 点

绘制天线馈线系统图
绘制数字交换机系统图

12.1 通信工程图简介

通信系统包括传递信息所需要的技术设备和传输媒介，其通信过程如图 12-1 所示，其工作流程如图 12-2 所示。

图 12-1 通信过程

图 12-2 通信系统工作流程

通信工程主要分为移动通信和固定通信，但无论是移动通信还是固定通信，它们的通信原理都是相同的。通信系统的核心是交换机，在通信过程中，数据通过传输设备传输到交换机上，并在交换机上进行交换，选择目的地，这就是通信的基本过程。

12.2 绘制天线馈线系统图

本例绘制的天线馈线系统图如图 12-3 所示。

a)

b)

图 12-3 天线馈线系统图

该系统由两部分组成，即图 12-3a 所示的同轴电缆天线馈线系统和图 12-3b 所示的圆波导天线馈线系统。图 12-3 所示的系统图与前面所述的一些电气工程图不同，该图没有导线，因此可以严格按照电缆的顺序来绘制。

📖 12.2.1 设置绘图环境

01 建立新文件。打开 AutoCAD 2024 应用程序，单击快速访问工具栏中的"新建"按钮█，以"无样板打开 - 公制"创建一个新的文件。单击快速访问工具栏中的"保存"按钮█，将其命名为"天线馈线系统图 .dwg"进行保存。

02 单击"默认"选项卡"图层"面板中的"图层特性"按钮█，打开"图层特性管理器"选项板，创建"实体符号层"和"连接线层"两个图层，设置各图层的"颜色""线型""线宽"分别如图 12-4 所示。

图 12-4 设置图层

📖 12.2.2 同轴电缆天线馈线系统图的绘制

01 绘制同轴电缆弯曲部分。

❶ 将"实体符号层"设置为当前图层。单击"默认"选项卡"绘图"面板中的"直线"按钮╱，在"正交"方式下分别绘制长度分别为 40 和 50 的直线 1 和直线 2，如图 12-5a 所示。

❷ 单击"默认"选项卡"修改"面板中的"圆角"按钮，设置圆角的半径为 12，对两直线的交点倒圆。命令行提示与操作如下：

```
命令:_fillet
当前设置:模式 = 修剪，半径 = 11.0000 ✓
选择第一个对象或 [ 放弃 (U)/ 多段线 (P)/ 半径 (R)/ 修剪 (T)/ 多个 (M)]: R ✓
指定圆角半径 <11.0000>: 12 ✓
选择第一个对象或 [ 放弃 (U)/ 多段线 (P)/ 半径 (R)/ 修剪 (T)/ 多个 (M)] : ( 用鼠标拾取直线 1)
选择第二个对象，或按住 Shift 键选择对象以应用角点或 [ 半径 (R)]: ( 用鼠标拾取直线 2)
```

结果如图 12-5b 所示。

❸ 单击"默认"选项卡"修改"面板中的"偏移"按钮█，将圆弧向外偏移 12，然后将直线 1 和直线 2 分别向上和向左偏移 12，完成同轴电缆弯曲部分的绘制，结果如图 12-5c 所示。

注意

图线的偏移方向只能是向外，如果偏移方向是向圆弧圆心，将得不到需要的效果。

02 绘制副反射器图形符号。

❶ 单击"默认"选项卡"绘图"面板中的"圆弧"按钮 ⌒，以点（150,150）为圆心，绘制一条半径为 60 的半圆弧，如图 12-6a 所示。

❷ 单击"默认"选项卡"绘图"面板中的"直线"按钮 ╱，在"对象捕捉"方式下，用鼠标分别捕捉半圆弧的两个端点，绘制竖直直线 1，如图 12-6b 所示。

❸ 单击"默认"选项卡"修改"面板中的"偏移"按钮 ⊑，将直线 1 向左偏移 30，生成直线 2，如图 12-6c 所示。

图 12-5　绘制同轴电缆弯曲部分　　　　图 12-6　绘制半圆弧和直线

❹ 单击"默认"选项卡"绘图"面板中的"直线"按钮 ╱，在"对象捕捉"和"正交"方式下，用鼠标捕捉圆弧圆心。以其为起点，向左绘制一条长度为 60 的水平直线 3，终点刚好落在圆弧上，如图 12-7a 所示。

❺ 单击"默认"选项卡"修改"面板中的"偏移"按钮 ⊑，将直线 3 分别向上和向下偏移 7.5，生成直线 4 和 5，如图 12-7b 所示。

❻ 单击"默认"选项卡"修改"面板中的"删除"按钮 ⌫，删除直线 3，如图 12-7c 所示。

❼ 单击"默认"选项卡"修改"面板中的"删除"按钮 ⌫ 和"修剪"按钮 ✂，修改图形。绘制完成的副反射器图形符号如图 12-8 所示。

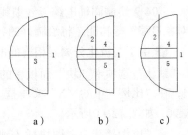

图 12-7　添加直线

03 绘制极化分离器图形符号。

❶ 单击"默认"选项卡"绘图"面板中的"矩形"按钮 ▢，绘制一个长为 75、宽为 45 的矩形。命令行提示与操作如下：

```
命令 : _rectang
指定第一个角点或 [ 倒角 (C)/ 标高 (E)/ 圆角 (F)/ 厚度 (T)/ 宽度 (W)] : ( 在绘图区空白处单击 )
指定另一个角点或 [ 面积 (A)/ 尺寸 (D)/ 旋转 (R)]: D
指定矩形的长度 <0.0000>:75 ✓
指定矩形的宽度 <0.0000>:45 ✓
指定另一个角点或 [ 面积 (A)/ 尺寸 (D)/ 旋转 (R)]: ( 在绘图区空白处适当位置单击 )
```

❷ 单击"默认"选项卡"修改"面板中的"分解"按钮，将绘制的矩形分解为直线 1、直线 2、直线 3 和直线 4，如图 12-9a 所示。

❸ 单击"默认"选项卡"修改"面板中的"偏移"按钮，将直线 1 向下依次偏移 15 和 15，生成直线 5 和直线 6，再将直线 3 向右依次偏移 30 和 15，生成直线 7 和直线 8，结果如图 12-9b 所示。

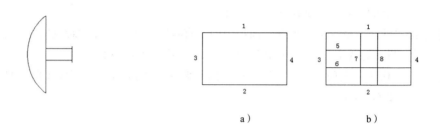

图 12-8　绘制副反射器图形符号　　　　　　图 12-9　绘制并分解矩形及偏移直线

❹ 单击"默认"选项卡"修改"面板中的"拉长"按钮，将直线 5 和直线 6 分别向两端拉长 15，将直线 7 和直线 8 向下拉长 15，结果如图 12-10a 所示。

❺ 单击"默认"选项卡"修改"面板中的"删除"按钮和"修剪"按钮，对图形进行修剪并删除多余线段。绘制完成的极化分离器图形符号如图 12-10b 所示。

图 12-10　绘制极化分离器图形符号

04　绘制同轴电缆天线馈线系统图。绘制该系统图需要调用"平移"命令，并结合使用"对象追踪"等功能，将绘制好的各电气元件插入图中并连接起来，然后添加注释。

❶ 由于与极化分离器相连的电气元件最多，因此可将其作为连接其他电气元件的中心。单击"默认"选项卡"块"面板中的"插入"按钮，打开"块"选项板。勾选"插入点"复选框，在"比例"中的"X"文本框中输入 1.5 作为缩放比例，在"旋转"的"角度"文本框中输入 90，如图 12-11 所示。

将"电缆接线头"图块插入到图形中，并使用"对象捕捉"功能捕捉图 12-10b 中的 C 点，使得"电缆接线头"图块中的 A 点刚好与 C 点重合，结果如图 12-12 所示。

❷ 采用类似的方法，插入下方的电缆接线头，并插入副反射器图形符号，结果如图 12-13 所示。

❸ 重复步骤❶，向图中插入另外两个电缆接线头和同轴电缆弯曲部分（这些电气元件之间可以用直线连接）。要说明的是，实际的电缆长度很长，在此不必绘制其真正的长度，可用打断的形式来表示。

❹ 添加注释文字。图 12-14 所示为绘制完成的同轴电缆天线馈线系统图。该图可以作为单独的一幅电气工程图，因此可以在此添加文字注释，也可以在圆波导天线馈线系统图绘制完毕后一起添加文字注释。

图 12-11 "块"选项板

图 12-12 连接"电缆接线头"与"极化分离器"

图 12-13 添加电气元件

图 12-14 绘制完成的同轴电缆天线馈线系统图

📖 12.2.3 圆波导天线馈线系统图的绘制

01 绘制天线反射面图形符号。

❶ 单击"默认"选项卡"绘图"面板中的"圆弧"按钮 ⌒ ，绘制两个圆弧半径分别为 60 和 20 的同心半圆弧，如图 12-15a 所示。

❷ 单击"默认"选项卡"绘图"面板中的"直线"按钮 ╱ ，在"对象捕捉"和"极轴追踪"方式下，用鼠标捕捉圆心。以其为起点，绘制 5 条直线段，这些直线段分别与竖直方向成 15°、30°、90°、150°、165°，长度均为 60，如图 12-15b 所示。

a)   b)   c)

图 12-15 绘制天线反射面图形符号

❸ 单击"默认"选项卡"修改"面板中的"修剪"按钮 ✂ 和"删除"按钮 ✐ ，对整个图形进行修剪，并删除多余的直线和圆弧，完成天线反射面图形符号的绘制，结果如图 12-15c 所示。

02 绘制密封节图形符号。

❶ 单击"默认"选项卡"绘图"面板中的"矩形"按钮□，绘制一个长和宽均为 60 的矩形。

❷ 单击"默认"选项卡"修改"面板中的"分解"按钮□，将刚绘制的矩形分解为 4 条直线，如图 12-16a 所示。

❸ 单击"默认"选项卡"修改"面板中的"偏移"按钮⊂，设置偏移量均为 20，将直线 1 向下偏移生成两条水平直线，将直线 3 向右偏移生成两条竖直直线，结果如图 12-16b 所示。

❹ 单击"默认"选项卡"修改"面板中的"旋转"按钮↻，将图 12-16b 所示的图形旋转 45°。命令行提示与操作如下：

```
命令：_rotate
UCS 当前的正角方向：ANGDIR= 逆时针 ANGBASE=0
选择对象：指定对角点：找到 8 个（框选图 12-16b 所示的图形）
选择对象：↙
指定基点：（在图形内任意点单击）
指定旋转角度，或 [ 复制 (C)/ 参照 (R)] <270>: 45 ↙
```

结果如图 12-16c 所示。

❺ 添加矩形。

1）单击"默认"选项卡"绘图"面板中的"直线"按钮╱，在"对象捕捉"方式下用鼠标捕捉 A 点，以其为起点，分别向左和向右绘制长度均为 100 的直线 5 和直线 6，再用鼠标捕捉 B 点，以其为起点，分别向左和向右绘制长度均为 100 的直线 7 和直线 8，结果如图 12-17a 所示。

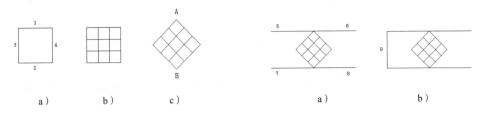

图 12-16　绘制、旋转矩形　　　　　　图 12-17　绘制直线

2）单击"默认"选项卡"绘图"面板中的"直线"按钮╱，在"对象捕捉"方式下，用鼠标分别捕捉直线 5 和直线 7 的左端点，绘制直线 9，如图 12-17b 所示。

3）单击"默认"选项卡"修改"面板中的"拉长"按钮╱，将直线 9 分别向上和向下拉长 35，如图 12-18a 所示。

4）单击"默认"选项卡"修改"面板中的"偏移"按钮⊂，将直线 9 向左偏移 35，生成竖直直线 10，如图 12-18b 所示。

5）单击"默认"选项卡"绘图"面板中的"直线"按钮╱，在"对象捕捉"方式下，用鼠标分别捕捉直线 9 和直线 10 的上端点，绘制一条水平直线；再用鼠标分别捕捉直线 9 和直线 10 的下端点，绘制另外一条水平直线。这两条水平直线与竖直直线 9、竖直直线 10 构成了一个矩形，如图 12-19a 所示。

6）采用相同的方法，在直线 6 和直线 8 的右端绘制另外一个矩形。绘制完成的密封节图形符号如图 12-19b 所示。

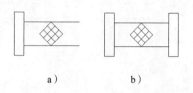

图 12-18　拉长、偏移竖直直线　　　　　　　图 12-19　绘制密封节图形符号

03 绘制极化补偿节图形符号。

❶ 单击"默认"选项卡"绘图"面板中的"矩形"按钮 ▭，绘制一个长为 120、宽为 30 的矩形，如图 12-20a 所示。

❷ 单击"默认"选项卡"绘图"面板中的"直线"按钮 ／，在"对象捕捉"和"极轴追踪"方式下，用鼠标捕捉点 A。以其为起点，绘制一条与水平方向成 −45°、长度为 20 的直线 1，如图 12-20b 所示。

❸ 单击"默认"选项卡"修改"面板中的"移动"按钮 ✛，将直线 1 向右平移 20，如图 12-21a 所示。

❹ 用同样的方法绘制直线 2，如图 12-21b 所示。

❺ 单击"默认"选项卡"绘图"面板中的"直线"按钮 ／，在"对象捕捉"和"极轴追踪"方式下，用鼠标捕捉直线 1 的下端点，以其为起点，绘制一条与水平方向成 −135° 角、长度为 40 的直线；用同样的方法，以直线 2 的下端点为起点，绘制一条与水平方向成 −45°、长度为 40 的直线，结果如图 12-22a 所示。

图 12-20　绘制矩形和直线　　　　　　　　图 12-21　绘制直线

❻ 单击"默认"选项卡"绘图"面板中的"直线"按钮 ／，关闭"极轴追踪"，激活"正交"功能，用鼠标捕捉 E 点，以其为起点，向下绘制长度为 40 的竖直直线；用鼠标捕捉 F 点，以其为起点，向下绘制长度为 40 的竖直直线，结果如图 12-22b 所示。

❼ 单击"默认"选项卡"修改"面板中的"镜像"按钮 ◬，对图形做镜像操作。命令行提示与操作如下：

```
命令: _mirror
选择对象: 指定对角点: 找到 8 个（用鼠标框选整个图形）
选择对象: ✓
指定镜像线的第一点:（用鼠标选择 M 点）
指定镜像线的第二点:（用鼠标选择 N 点）
要删除源对象吗? [ 是 (Y)/ 否 (N)] < 否 >: ✓
```

结果如图 12-23 所示。

图 12-22　绘制直线　　　　　　　　　　　　图 12-23　镜像图形

❽ 单击"默认"选项卡"绘图"面板中的"图案填充"按钮▨，弹出"图案填充创建"选项卡。设置"图案填充图案"为"ANSI37"、"图案填充角度"为 0、"填充图案比例"为 5，其他选项采用默认值，如图 12-24 所示。拾取填充区域内一点，按 Enter 键，完成图案填充，结果如图 12-25 所示。

图 12-24　设置填充图案　　　　　　　　　　图 12-25　填充图案

04 绘制圆波导天线馈线系统图。参照绘制同轴电缆天线馈线系统图的方法，将各电气元件连接起来，即可完成该系统图的绘制。

05 添加文字和注释。

❶ 单击"默认"选项卡"注释"面板中的"文字样式"按钮Aₐ，或者在命令行输入"STYLE"命令，弹出"文字样式"对话框，如图 12-26 所示。

图 12-26　"文字样式"对话框

❷ 在"文字样式"对话框中单击"新建"按钮，然后输入"新样式名"为"工程字"，单击"确定"按钮。

❸ 在"字体名"下拉列表中选择"仿宋_GB2312"。

❹ "高度"采用默认值 15。

❺ 在"宽度因子"文本框中输入 0.7，"倾斜角度"采用默认值 0。

❻ 检查预览区文字外观，如果合适，则单击"应用"和"关闭"按钮。

❼ 单击"默认"选项卡"注释"面板中的"多行文字"按钮 **A**，或者在命令行输入"MTEXT"命令，在图中相应位置添加文字，完成圆波导天线馈线系统图的绘制，结果如图 12-27 所示。

图 12-27　绘制圆波导天线馈线系统图

注意

如果觉得文字的位置不满意，可以选定文字，将文字移动到需要的位置。移动文字的方法比较多，下面推荐一种比较方便的方法。

首先选定需要移动的文字，单击"默认"选项卡"修改"面板中的"移动"按钮 ⊕，此时命令行出现提示：

指定基点或 [位移 (D)] < 位移 >:

把光标移动到被移动文字的附近（不是绘图区任意位置，一定不能是离被移动文字比较远的位置），单击，此时移动鼠标，被选定的文字会随着鼠标移动并实时显示，把鼠标移动到需要的位置，再单击，选定文字就被移动到了合适的位置。利用此方法可以将文字调整到任意的位置。

12.3 绘制数字交换机系统图

本例绘制的数字交换机系统图如图 12-28 所示。该图比较简单，由一些简单的几何图形和不同类型的直线连接而成。绘制思路为先绘制一些梯形和矩形，然后将这些梯形和矩形按照图示的位置摆放并用导线连接起来，最后添加文字和注释。

12.3.1 设置绘图环境

01 建立新文件。打开 AutoCAD 2024 应用程序，单击快速访问工具栏中的"新建"按钮，以"无样板打开 - 公制"创建一个新的文件。

图 12-28 数字交换机系统图

件。单击快速访问工具栏中的"保存"按钮，将其命名为"数字交换机系统结构图 .dwg"并进行保存。

02 设置图层。单击"默认"选项卡"图层"面板中的"图层特性"按钮，弹出"图层特性管理器"选项板，创建"点画线""图形符号""文字"3 个图层，设置各图层的"颜色""线型""线宽"如图 12-29 所示。

图 12-29 设置图层

12.3.2 图形布局

将"图形符号"图层设置为当前图层，建立图形布局。

单击"默认"选项卡"绘图"面板中的"矩形"按钮，绘制各个图形，其尺寸如下：

矩形 1，尺寸：90×30；

梯形 2，尺寸：上底边 30、下底边 60、高 30；

矩形 3，尺寸：90×30；

矩形 4，尺寸：60×30；

梯形 5，尺寸：上底边 30、下底边 60、高 30；

矩形 6，尺寸：60×30；

矩形 7，尺寸：80×30；

矩形 8，尺寸：60×30；

矩形 9，尺寸：60×30；

矩形 10，尺寸：60×30；

矩形 11，尺寸：100×30；

矩形 12，尺寸：60×350；

矩形 13，尺寸：100×30。

各图形的位置分布如图 12-30 所示。

图 12-30　图形布局

📖 12.3.3　添加连接线

添加连接线实际上就是用导线将图中的模块连接起来，只需要执行简单的图层切换、画线操作和平移操作即可。下面以连接矩形 6 和矩形 8 为例，讲解连接线的画法。

01 切换图层。将当前图层由"图形符号"图层切换为"点画线"图层。

02 绘制连接线。单击"默认"选项卡"绘图"面板中的"直线"按钮 ╱，在"对象捕捉"方式下用鼠标分别捕捉矩形 6 的右上端点和矩形 8 的左上端点，绘制一条水平点画线（即连接线），如图 12-31 所示。

03 移动连接线。单击"默认"选项卡"绘图"面板中的"移动"按钮 ✦，将步骤 **02** 中绘制的连接线向下平移 15，如图 12-32 所示。

图 12-31　绘制连接线　　　　　　　图 12-32　平移连接线

📖 12.3.4　添加文字

将"文字"图层设置为当前图层，在布局图上矩形和梯形的中间添加文字。添加文字的方法如下：

单击"默认"选项卡"注释"面板中的"多行文字"按钮 **A**，进入添加文字状态。命令行提示与操作如下：

```
命令：_mtext
当前文字样式："工程字" 文字高度：10 注释性：否
指定第一角点：（把光标移动到屏幕上适当位置，按住左键不放，移动到另一个点然后放开）
指定对角点或 [ 高度 (H)/ 对正 (J)/ 行距 (L)/ 旋转 (R)/ 样式 (S)/ 宽度 (W)/ 栏 (C)]:
```

此时屏幕上将会弹出如图 12-33 所示的"文字编辑器"选项卡和多行文字编辑器，并在绘图区出现用于添加文字的文本框。在"文字编辑器"选项卡中可以设置字体、文字大小、文字风格、文字排列样式等。用户可以根据自己的需要设置适当的文字样式，然后将光标移动到下面的文本框中，添加需要的文字内容。添加文字后单击按钮 ✓，完成图形的绘制，结果如图 12-27 所示。

图 12-33 "文字编辑器"选项卡和多行文字编辑器

> **注意**
>
> 如果觉得文字的位置不满意，可参照 12.2 节调整文字位置。

12.4 上机实验

实验 绘制如图 12-34 所示的通信光缆施工图

操作提示

1）绘制各个单元图形符号。

2）将各个单元图形符号放置到适当的位置并连接。

3）标注文字。

图 12-34 通信光缆施工图

12.5 思考与练习

绘制如图 12-35 所示的程控交换机系统图。

图 12-35　程控交换机系统图

第 章

建筑电气工程图设计

建筑电气设计是指针对建筑进行的电气设计。建筑电气图一般分为建筑电气平面图和建筑电气系统图。本章将着重讲解建筑电气平面图的绘制方法和技巧，简要介绍建筑电气系统图的绘制方法。

办公楼配电平面图设计 ◎

绘制多媒体工作间综合布线系统图 ◎

13.1 建筑电气工程图简介

建筑电气图是建筑工程图的重要组成部分。它提供了建筑内电气设备的安装位置、安装接线、安装方法以及设备的有关参数。建筑物的功能不同，电气图也不相同，它主要包括建筑电气安装平面图、电梯控制系统电气图、照明系统电气图、中央空调控制系统电气图、消防安全系统电气图、防盗保安系统电气图，以及建筑物的通信系统、电视系统、防雷接地系统的电气平面图等。

建筑电气工程图是应用非常广泛的电气图之一。建筑电气工程图可以表明建筑电气工程的构成规模和功能，详细描述电气装置的工作原理，提供安装技术数据和使用维护方法。建筑物的规模和要求不同，建筑电气工程图的种类和数量也不同。常用的建筑电气工程图主要有以下几类：

（1）说明性文件

1）图样目录：内容有序号、图样名称、图样编号和图样张数等。

2）设计说明（施工说明）：主要阐述电气工程设计依据、工程的要求和施工原则、建筑特点、电气安装标准、安装方法、工程等级、工艺要求及有关设计的补充说明等。

3）图例：即图形符号和文字代号。通常只列出本套图样中涉及的一些图形符号和文字代号所代表的意义。

4）设备材料明细栏（零件表）：列出该项电气工程所需要的设备和材料的名称、型号、规格和数量，供设计概算、施工预算及设备订货时参考。

（2）系统图　表现电气工程的供电方式、电力输送、分配、控制和设备运行情况的图样。从系统图中可以粗略地看出工程的概貌。系统图可以反映不同级别的电气信息，如变配电系统图、动力系统图、照明系统图和弱电系统图等。

（3）平面图　平面图是表示电气设备、装置与线路平面布置的图样，是进行电气安装的主要依据。电气平面图以建筑平面图为依据，在图上绘出电气设备、装置及线路的安装位置，敷设方法等。常用的电气平面图有变配电所平面图、室外供电线路平面图、动力平面图、照明平面图、防雷平面图、接地平面图和弱电平面图等。

（4）布置图　表现各种电气设备和器件的平面与空间的位置、安装方式及其相互关系的图样。通常由平面图、立面图、剖面图及各种构件详图等组成。一般来说，设备布置图是按三视图绘制的。

（5）接线图　在现场常被称为安装配线图，主要用来表示电气设备、电器元件和线路的安装位置、配线方式、接线方法、配线场所特征等。

（6）电路图　在现场常称为电气原理图，主要用来表示某一电气设备或系统的工作原理。它是按照各个部分的动作原理图采用分开表示法展开绘制的。通过对电路图的分析，可以清楚地看出整个系统的动作顺序。电路图可以用来指导电气设备和器件的安装、接线、调试、使用与维修。

（7）详图　表现电气工程中设备某一部分的具体安装要求和做法的图样。

13.2 办公楼配电平面图设计

本例绘制的办公楼配电平面图如图 13-1 所示。其绘制思路是：首先绘制轴线，确定平面图的大致轮廓尺寸；然后绘制墙体，生成整个平面图；接着绘制各种配电符号，连成线路；最后标注尺寸和文字。

图 13-1 办公楼配电平面图

📖 13.2.1 设置绘图环境

01 打开 AutoCAD 2024 应用程序，以 "A3.dwt" 样板文件为模板建立新文件，将新文件命名为 "配电 .dwg" 并保存。

02 设置图层。创建 4 个图层，即 "轴线" "标注" "墙体" 和 "配电"，设置各图层的属性如图 13-2 所示。

图 13-2 设置图层属性

📖 13.2.2 图样布局

01 初步绘制轴线。将"轴线"图层设置为当前图层。单击"默认"选项卡"绘图"面板中的"直线"按钮 ╱，在绘图区绘制两条水平线长度为 50000、垂直线长度为 25000 相互垂直的轴线，如图 13-3 所示。

图 13-3 绘制相互垂直的轴线

02 使用"夹持"功能复制或偏移轴线。

❶ 激活夹持点。选择已绘制的轴线，出现如图 13-4 所示的夹持点，即图中的小方框。单击任意一个小方框，就可以使夹持点成为激活夹持点。激活的夹持点呈红色。

图 13-4 激活夹持点

此时命令行提示如图 13-5 所示。

```
** 拉伸 **
指定拉伸点或 [基点(B) 复制(C) 放弃(U) 退出(X)]:
```

图 13-5 命令行提示

❷ 复制轴线。单击"默认"选项卡"修改"面板中的"复制"按钮，依次输入水平方向由左向右的复制距离值为 3600、8000、8000、8000、8000、12000，垂直方向由下向上的复制距离值为 8000、8000、5000，复制轴线，结果如图 13-6 所示。

图 13-6 复制轴线

技巧

激活夹持点后命令行中会出现"拉伸"选项，如图 13-5 所示。事实上，当实体目标处于被激活的夹持点状态时，AutoCAD 允许用户切换以下操作：Stretch（拉伸）、Move（移动）、Rotate（旋转）、Scale（缩放）、Mirror（镜像）。切换的方法很简单，直接按 Enter 键、空格键或输入各命令的前两个字母即可。

13.2.3 绘制柱子、墙体及门窗

01 绘制柱子。由于在配电平面图中没必要给出柱子的具体尺寸，因此可以示意性地给出柱子的位置及大小。

❶ 绘制矩形。将"墙体"图层设置为当前图层。单击"默认"选项卡"绘图"面板中的"矩形"按钮▭，在适当位置绘制一个表示柱子的矩形。

❷ 偏移轴线。单击"默认"选项卡"修改"面板中的"偏移"按钮⊏，将图 13-6 中的线 1、线 2 和线 3 分别向外偏移 120，如图 13-7 所示。偏移出来的轴线为定位柱子的辅助线，可以用于布置柱子，使绘制的外墙体与柱子相平。

❸ 放置柱子。单击"默认"选项卡"修改"面板中的"复制"按钮🔾，将绘制好的柱子进行复制，然后在"对象捕捉"方式下，选择柱子一边的中点为控制点，将柱子放在辅助线与其垂直轴线的交点上，如图 13-8 所示。将各个柱子放置完毕后，删除辅助线，结果如图 13-9 所示。

图 13-7　偏移轴线　　　　　　　　　　图 13-8　放置柱子

图 13-9　布置柱子

02 绘制墙体。选择菜单栏中的"绘图"→"多线"选项，绘制厚度为 240 的墙体，如图 13-10 所示。

03 绘制门窗。

❶ 墙体开洞。单击"默认"选项卡"修改"面板中的"分解"按钮🗗，将用多线绘制出的墙体进行分解，然后单击"默认"选项卡"修改"面板中的"修剪"按钮✂，对墙体开洞，结果如图 13-11 所示。

图 13-10 绘制墙体   图 13-11 墙体开洞

❷绘制单扇门。单击"默认"选项卡"绘图"面板中的"圆弧"按钮 ∕，绘制单扇门。

❸绘制双扇门。

1）绘制辅助线。单击"默认"选项卡"绘图"面板中的"直线"按钮 ∕，绘制连接洞口两侧端点的辅助直线，如图 13-12 所示。重复执行"直线"命令，过辅助直线的中点作垂线，如图 13-13 所示。

图 13-12 绘制辅助直线   图 13-13 作辅助直线的垂线

2）绘制圆弧。单击"默认"选项卡"绘图"面板中的"圆弧"按钮 ∕，绘制圆弧，如图 13-14 所示。

3）镜像圆弧并删除辅助线。单击"默认"选项卡"修改"面板中的"镜像"按钮 ⚠，以辅助轴线的垂线为对称轴线对圆弧进行镜像，结果如图 13-15 所示。然后删除辅助线，结果如图 13-16 所示。

绘制门窗的结果如图 13-17 所示。

图 13-14 绘制圆弧   图 13-15 镜像圆弧   图 13-16 删除辅助线

图 13-17　绘制门窗

📖 13.2.4　绘制楼梯及室内设施

绘制楼梯可以使用"复制"或"平移"命令，还可以使用"阵列"命令等。

01 绘制楼梯。单击"默认"选项卡"块"面板中的"插入"按钮🗖，在下拉菜单中选择"其他图形中的块"，打开"块"选项板，再单击选项板右上方的"浏览"按钮…，弹出"选择图形文件"对话框。选择"源文件 / 图块 / 楼梯 1"图块，调整好缩放比例插入图中，如图 13-18 所示。

图 13-18　插入楼梯

采用相同的方法，绘制另外的楼梯，结果如图 13-19 所示。

图 13-19　绘制楼梯

02 绘制室内设施。办公区的室内设施较少，只需绘制如图 13-20 所示的室内设施即可。

03 修剪轴线。单击"默认"选项卡"修改"面板中的"修剪"按钮 ✂ 和"删除"按钮 ✐，删除和修剪多余的轴线（为了方便标注尺寸，边缘的轴线可保留一部分），结果如图 13-21 所示。

图 13-20　绘制室内设施　　　　　　图 13-21　修剪轴线

📖 13.2.5　绘制配电干线设施

01 绘制风机盘管图形符号。

❶ 绘制圆。单击"默认"选项卡"绘图"面板中的"圆"按钮 ⊙，在绘图区空白区域中绘制一个圆，如图 13-22 所示。

❷ 绘制圆的外切正方形。单击"默认"选项卡"绘图"面板中的"多边形"按钮 ⬠，捕捉步骤❶绘制的圆的圆心（见图 13-23），以其为中心点，绘制圆的外切正方形，如图 13-24 所示。

图 13-22　绘制圆　　　　　图 13-23　捕捉圆心　　　　图 13-24　绘制圆的外切正方形

❸ 完成风机盘管图形分行的绘制。单击"默认"选项卡"注释"面板中的"多行文字"按钮 **A**，将"±"符号添加在空白区域，再单击"默认"选项卡"修改"面板中的"移动"按钮 ✛，将其移动到圆的中心，如图 13-25 所示。绘制完成的风机盘管图形符号如图 13-26 所示。

图 13-25　移动符号　　　　　　　　图 13-26　风机盘管图形符号

技巧

对复杂的图形，可以先将其分解为若干个简单的图形，然后分别进行绘制，最后组合成所要的图形。

02 绘制上下敷管图形符号。

❶ 绘制圆。单击"默认"选项卡"绘图"面板中的"圆"按钮⊙，绘制一个大小适当的圆。

❷ 设置极轴追踪角度。打开"草图设置"对话框，在"极轴追踪"选项卡中的"增量角"中选取45，在"对象捕捉追踪设置"中选择"仅正交追踪"，如图13-27所示。单击"确定"按钮，完成极轴追踪设置。

图13-27 设置极轴追踪角度

❸ 绘制直线。单击"默认"选项卡"绘图"面板中的"直线"按钮╱，在"极轴捕捉"方式下，使极轴追踪到的45°线通过圆心，在追踪线上选择一点（见图13-28），绘制45°直线与圆相交，如图13-29所示。重复执行"直线"命令，绘制三角形，如图13-30所示。

❹ 填充圆与三角形。单击"默认"选项卡"绘图"面板中的"图案填充"按钮▨，弹出"图案填充创建"选项卡。在"填充图案"中选择"SOLID"，进行图案填充，结果如图13-31所示。

图13-28 在追踪线上选择点

图13-29 绘制直线

图 13-30　绘制三角形

图 13-31　填充圆与三角形

⑤ 复制直线和三角形。单击"默认"选项卡"修改"面板中的"复制"按钮，选择复制的基点为直线的端点，复制三角形和直线，如图 13-32 所示。绘制完成的上下敷管图形符号如图 13-33 所示。

图 13-32　复制三角形和直线

图 13-33　上下敷管图形符号

03 绘制线路。绘制线路过程中运用的命令很简单，但是如何将复杂的线路绘制得美观、有条不紊就需要一定的绘制方法。

❶ 绘制辅助线。单击"默认"选项卡"绘图"面板中的"直线"按钮，在需要安放电气元件的区域绘制两条辅助线，如图 13-34 所示。

❷ 等分辅助线。单击"默认"选项卡"绘图"面板中的"定数等分"按钮，将上方的辅助线等分为 7 份。重复执行"定数等分"命令，同样将下方的辅助线等分为 7 份。

❸ 复制风机盘管。单击"默认"选项卡"修改"面板中的"复制"按钮，复制风机盘管并放置在各个节点上，如图 13-35 所示。

图 13-34　绘制辅助线

图 13-35　复制风机盘管并放置在节点上

❹ 删除辅助线。单击"默认"选项卡"修改"面板中的"删除"按钮，删去辅助线。放置风机盘管后的图形如图 13-36 所示。

❺ 放置配电箱。单击"默认"选项卡"块"面板中的"插入"按钮，在下拉菜单中选择"其他图形中的块"，打开"块"选项板，再单击选项板右上方的"浏览"按钮，弹出"选择

图形文件"对话框。选择"源文件/图块"文件夹中的"动力配电箱和照明配电箱"图块并插入，然后单击"默认"选项卡"修改"面板中的"移动"按钮✥，将其放置到图形中适当的位置，如图 13-37 所示。

图 13-36　放置风机盘管

a）移动动力配电箱　　　　　　b）移动照明配电箱

图 13-37　放置配电箱

采用同样方法，调入"温控与三速开关控制器"及"上下敷管"模块，将其放入图形中，如图 13-38 所示。

图 13-38　放置温控与三速开关控制器和上下敷管

❻ 绘制连接线路。单击"默认"选项卡"绘图"面板中的"直线"按钮╱，绘制连接线路，结果如图 13-39 所示。注意在绘制水平直线或竖直直线时，一定要在"正交"方式下，这样能确保直线水平或竖直，并且也更加快捷。

图 13-39　绘制连接线路

❼ 绘制外围走线。单击"默认"选项卡"绘图"面板中的"直线"按钮 ╱，绘制一条直线，然后单击"默认"选项卡"修改"面板中的"偏移"按钮 ⊏，对其进行偏移，完成外围走线的绘制。其部分放大图如图 13-40 所示。

a）图形下部放大图

b）图形上部放大图

图 13-40　绘制外围走线

📖 13.2.6　标注尺寸及文字说明

01 标注尺寸。

❶ 切换图层。打开"图层特性管理器"，将"标注"图层设置为当前图层。

❷ 线性标注尺寸。单击"默认"选项卡"注释"面板中的"线性"按钮 ╟╢，标注两条轴线的尺寸，如图 13-41 所示。

❸ 连续标注尺寸。单击"默认"选项卡"注释"面板中的"连续"按钮 ╫╫，此时后一个尺寸标注会把前一个尺寸标注的第二尺寸界线作为它的第一条尺寸界线，直接选择其他轴线上的点即可完成连续标注，结果如图 13-42 所示。

技巧

在使用连续标注前，需要先标注出一个尺寸，而且该尺寸必须是线性尺寸、角度尺寸和坐标尺寸等类型。在标注过程中，只能向同一个方向标注下一个尺寸，不能向相反方向标注，否则会覆盖原来的尺寸。

图 13-41 线性标注尺寸　　　　　　　　　图 13-42 连续标注尺寸

采用同样的方法，标注其他的尺寸，结果如图 13-43 所示。

图 13-43 标注其他尺寸

❹ 标注轴线号。由于图中已经有了"温控与三速开关控制器"，将其稍加修改就可以成为轴线号。将其放置到轴线端，双击圆中的文字"C"，弹出"文字编辑器"选项卡和多行文字编辑器，编辑文字，如图 13-44 所示。依次进行修改，完成轴线号的标注，结果如图 13-45 所示。

说明

轴线号的标注方法有多种，如先绘制一个圆，再书写文字，然后利用"移动"命令将文字移动到圆心位置。这里是直接对已有的轴线号进行修改。

图 13-44　编辑文字

图 13-45　标注轴线号

02 标注电气元件的名称与规格。各个电气元件的表示方法应符合《建筑电气安装工程图集》及相关的规范、规定的要求。

单击"默认"选项卡"注释"面板中的"多行文字"按钮 **A**，根据命令行中的提示进行标注文本。其部分局部放大图如图 13-46 所示。

a) 配电箱的规格　　　　b) 标线号

图 13-46　标注文本（部分局部放大图）

读者在具体操作过程中可以综合运用复制、移动、文字修改等命令，完成文字标注，结果如图 13-47 所示。

图 13-47　文字标注

📖 13.2.7　生成图签

01 插入 A3 图框。单击"默认"选项卡"块"面板中的"插入"按钮，在下拉菜单中选择"其他图形中的块"，打开"块"选项板，再单击选项板右上侧的"浏览"按钮…，弹出"选择图形文件"对话框。选择"源文件 / 图块 /A3 图框"图块并将其插入，如图 13-48 所示。利用"缩放"命令，对插入的 A3 图框大小进行调整。

02 将图形移动到图框内并填写图签，结果如图 13-1 所示。填写图签的过程即运用"文本"命令的过程。

图 13-48　插入 A3 图框

13.3　绘制多媒体工作间综合布线系统图

本例绘制的多媒体工作间综合布线系统图如图 13-49 所示。其绘制思路是：利用辅助线将作图区域分隔，然后在对应的区域内绘图。由于该系统图中重复的部分比较多，因此可以利用"复制"和"阵列"等功能进行绘制。

📖 13.3.1　设置绘图环境

01 打开 AutoCAD 2024 应用程序，以"无样板打开 - 公制"建立新文件，将新文件命名为"综合布线系统图 .dwg"并保存。

02 设置图层。创建"轴线""设备""线路""标注"和"图签"5 个图层，设置各图层属性如图 13-50 所示。

综合布线系统图

图 13-49　综合布线系统图

图 13-50　设置图层属性

13.3.2　绘制轴线

01 将"轴线"图层设置为当前图层。单击"默认"选项卡"绘图"面板中的"矩形"按钮 ▭，绘制一个长度为 350、宽度为 250 的矩形，如图 13-51 所示。

02 单击"默认"选项卡"修改"面板中的"分解"按钮 ⬚，然后单击"绘图"面板中的"定数等分"按钮 ⬚，将矩形底边分为 5 等份。接着单击"默认"选项卡"绘图"面板中的"直线"按钮 ╱，绘制 4 条辅助线，如图 13-52 所示。

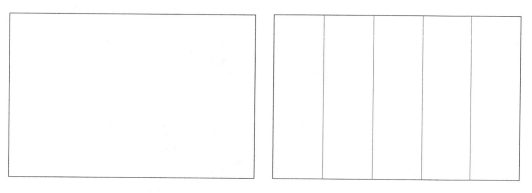

图 13-51　绘制矩形　　　　　　　　　　　　　　图 13-52　绘制辅助线

03 打开电子资料包中的"源文件 / 图块 /MATV 及 VSTV 电缆电视及闭路监视系统图"，选择其楼层线及楼层编号，如图 13-53 所示。

图 13-53　选择楼层线及楼层编号

04 按 Ctrl+C 组合键对其楼层线及楼层编号进行复制，然后回到"综合布线系统图"中，按 Ctrl+V 组合键将其粘贴到图框的中心位置，结果如图 13-54 所示。

05 单击"默认"选项卡"修改"面板中的"修剪"按钮 ，修剪多余的楼层线；然后单击"默认"选项卡"修改"面板中的"移动"按钮 ，移动楼层编号到楼层线的最右边，结果如图 13-55 所示。

图 13-54　复制楼层线及楼层编号　　　　　　　图 13-55　修改楼层线

13.3.3　绘制模块

01　绘制跳线架模块。

❶ 将"设备"图层设置为当前图层。单击"默认"选项卡"注释"面板中的"矩形"按钮 ▭，绘制一个长度为 3、高度为 8 的矩形，然后单击"默认"选项卡"注释"面板中的"复制"按钮 ▯▯，间距取 6～10，将矩形复制到另一侧，如图 13-56 所示。

❷ 单击"默认"选项卡"绘图"面板中的"直线"按钮 ╱，在距矩形上、下边各 1 的位置绘制两条辅助的水平线，然后将水平线与矩形的交点形成的矩形对角线相连，如图 13-57 所示。

❸ 单击"默认"选项卡"修改"面板中的"删除"按钮 ✐，删除辅助的水平线，完成跳线架模块的绘制，结果如图 13-58 所示。执行 wblock 命令，将其保存为"跳线架"模块。

图 13-56　绘制矩形　　　　　图 13-57　绘制直线　　　　　图 13-58　绘制跳线架模块

02　绘制计算机模块。

❶ 单击"默认"选项卡"绘图"面板中的"矩形"按钮 ▭，绘制一个长度为 3、宽度为 2.5 的矩形，然后调用"偏移"命令，将矩形向内部偏移 0.3，完成计算机显示器的绘制，如图 13-59 所示。

❷ 单击"默认"选项卡"绘图"面板中的"直线"按钮 ╱，在显示器的中心处绘制一中心线作为辅助线（可以打开"捕捉"工具栏，用"中点捕捉"功能进行绘制）。单击"默认"选项卡"绘图"面板中的"矩形"按钮 ▭，分别绘制两个长度为 2、宽度为 0.3 和长度为 4、宽度为 1 的矩形；然后单击"默认"选项卡"修改"面板中的"移动"按钮 ✛，将其移动到显示器的下方并用中点对中，完成计算机底部的绘制，如图 13-60 所示。

❸ 单击"默认"选项卡"修改"面板中的"删除"按钮 ✐，删除辅助的中心线，完成计算机模块的绘制。然后调用 wblock 命令，将其保存为"计算机"模块。

03　绘制其他模块。用基本的绘图命令绘制其他模块，并从"MATV 及 VSTV 电缆电视及闭路监视系统图"中复制"打印机"模块到本图中，结果如图 13-61 所示。

图 13-59　绘制计算机显示器　　　　　　图 13-60　绘制计算机底部

图 13-61　绘制其他模块

13.3.4　绘制综合布线系统图

01 插入模块。

❶ 单击"默认"选项卡"块"面板中的"插入"按钮🗗，将"跳线架"模块插入到第 10 层的左起第二区域的右侧，如图 13-62 所示。

❷ 单击"默认"选项卡"块"面板中的"插入"按钮🗗，将"计算机"模块插入到第三区域的右侧，如图 13-63 所示。

图 13-62　插入"跳线架"模块　　　　　图 13-63　插入"计算机"模块

❸ 采用相同的方法，插入其他模块，如图 13-64 所示。在第 10 层中插入全部图形模块后，调整位置如图 13-65 所示。

图 13-64　插入其他模块

图 13-65　插入全部模块后的第 10 层

❹ 单击"默认"选项卡"修改"面板中的"矩形阵列"按钮🔠，设置为 5 行 1 列，然后将行偏移设置为 60，对第 10 层的模块进行矩形阵列复制，绘制完成的 6 ～ 10 层的模块如图 13-66 所示。

图 13-66　绘制 6 ～ 10 层的模块

❺ 用同样的方法绘制其他层模块（注意中间的设备层及 -2F 和 -3F 的模块有些区别，其他各层均一致），结果如图 13-67 所示。

图 13-67　绘制其他层模块

02 绘制线路。

❶ 将"线路"图层设置为当前图层。将"线宽"设定为 0.5，单击"默认"选项卡"绘图"面板中的"直线"按钮 ╱，在一、二区域处绘制两条竖直总线，如图 13-68 所示。

❷ 单击"默认"选项卡"绘图"面板中的"直线"按钮 ╱，绘制层中连接模块的直线（其中部分模块的连接可调用"中点捕捉"命令），结果如图 13-69 所示。注意：在第二条主线和支线交接的位置绘制 45° 的小斜线，表示节点，如图 13-70 所示；在第三条总线和支线交接处断开支线，表示断开节点，如图 13-71 所示。绘制完成的支线如图 13-72 所示。

❸ 单击"默认"选项卡"修改"面板中的"复制"按钮 ❀，将此层的支线复制到其他层（可以将复制的基点选择为层线与竖直辅助线的交点，这样可以方便地确定复制的位置），结果如图 13-73 所示。

图 13-68 绘制竖直总线

图 13-69 绘制直线

图 13-70 绘制节点

图 13-71 绘制断开节点

图 13-72 绘制支线

图 13-73　复制支线

03 绘制特殊层的支线。本楼的屋顶、−2F、−3F 和 4F 的元件及线路与其他层有所区别，应分别绘制。首先复制插座和计算机、电话模块至屋顶，然后由第 10 层的跳线架引出支线进行连接，绘制屋顶的支线及元件，结果如图 13-74 所示。

4F 和 −2F、−3F 支线与屋顶支线类似，绘制结果分别如图 13-75 和图 13-76 所示。

图 13-74　绘制屋顶支线

图 13-75　绘制 4F 支线

图 13-76　绘制 −2F 和 −3F 支线

04 绘制网络机房、电话机房。

❶ 转换到"设备"图层,并将"线宽"设置为bylayer。打开工具栏中的线型多选栏,选择"其他…",打开"线型管理器"对话框,单击"加载"按钮,选择虚线"线型"为"ISO dash",单击"确定"按钮,然后将虚线线型设置为当前线型。

❷ 单击"默认"选项卡"绘图"面板中的"矩形"按钮▭,在3F至5F之间的图形左侧区域绘制一个40×40的矩形,如图13-77所示。

❸ 选择矩形,右击,在弹出的快捷菜单中选择"特性",将"线型比例"设置为0.3,确定矩形,如图13-78所示。

图13-77 绘制矩形

图13-78 确定矩形

❹ 单击"默认"选项卡"修改"面板中的"修剪"按钮✂,将矩形所包含的楼层线在矩形的右侧剪切掉,结果如图13-79所示。

❺ 单击"默认"选项卡"修改"面板中的"分解"按钮,将矩形分解,然后利用divide命令将左侧的边分解为三等份。切换到"轴线"图层,单击"默认"选项卡"绘图"面板中的"直线"按钮╱,绘制两条水平辅助线,如图13-80所示。

❻ 单击"默认"选项卡"块"面板中的"插入"按钮,插入"跳线架"模块。单击"默认"选项卡"修改"面板中的"分解"按钮,将其分解。选择中间的交叉线,用鼠标选择关键点进行修改,如图13-81所示。移动左侧矩形,重新生成新的"跳线架"模块。

图13-79 剪切楼层线

图13-80 绘制水平辅助线

图13-81 修改关键点

❼ 单击"默认"选项卡"修改"面板中的"复制"按钮 ❖，复制一个跳线架并将其右侧的矩形重合到原跳线架的左侧矩形上，如图 13-82 所示。

图 13-82　修改"跳线架"模块

❽ 单击"默认"选项卡"块"面板中的"插入"按钮 🖫，插入"跳线架""计算机"及"打印机"模块，结果如图 13-83 所示。

❾ 单击"默认"选项卡"绘图"面板中的"直线"按钮 ∕，绘制"网络交换机"。将图层转换为"线路"图层，"线宽"设置为 0.3，绘制线路，结果如图 13-84 所示。

图 13-83　插入模块

图 13-84　绘制线路

13.3.5　文字标注

01 将"标注"图层设置为当前图层。单击"默认"选项卡"注释"面板中的"文字样式"按钮 🗛，打开"文字样式"对话框，将"字高"设置为 1.5，标注第 10 层和屋顶的文字，如图 13-85 所示。

图 13-85　标注文字

02 单击"默认"选项卡"修改"面板中的"复制"按钮 ❖ 和"矩形阵列"按钮 🎛，复制文字并进行相应的修改，完成各楼层的文字标注，结果如图 13-86 所示。

图 13-86　标注楼层文字

03 采用同样的方法标注机房文字，在没有空间的地方引出直线进行标注，结果如图 13-87 所示。

至此，综合布线系统图绘制完毕，结果如图 13-49 所示。

图 13-87　标注机房文字

13.4 上机实验

实验 绘制如图 13-88 所示的门禁系统图

图 13-88 门禁系统图

操作提示

1）绘制主楼和裙楼轮廓线及各个单元模块。
2）在主楼和裙楼轮廓线内插入和复制各个单元模块。
3）绘制连接线。
4）标注文字。

13.5 思考与练习

1. 绘制如图 13-89 所示的跳水馆照明干线系统图。
2. 绘制如图 13-90 所示的车间电力平面图。

图 13-89　跳水馆照明干线系统图

图 13-90　车间电力平面图